做一个有格局的女子

璞 玉 编著

吉林文史出版社

图书在版编目（CIP）数据

做一个有格局的女子/璞玉编著. -- 长春：吉林
文史出版社，2020.5（2024.8重印）

ISBN 978-7-5472-6849-0

Ⅰ.①做… Ⅱ.①璞… Ⅲ.①女性—成功心理—通俗
读物 Ⅳ.①B848.4-49

中国版本图书馆CIP数据核字(2020)第058567号

做一个有格局的女子
ZUOYIGEYOUGEJUDENÜZI

编 著	璞 玉	
责任编辑	张雅婷	
封面设计	末末美书	
出版发行	吉林文史出版社有限责任公司	
地 址	长春市福祉大路5788号	
电 话	0431-81629353	
网 址	www.jlws.com.cn	
印 刷	北京永顺兴望印刷厂	
开 本	880mm×1230mm 1/32	
印 张	4	
字 数	80千	
版 次	2020年5月第1版 2024年8月第2次印刷	
定 价	19.80元	
书 号	ISBN 978-7-5472-6849-0	

前　言
\PREFACE\

一位伟人说："要么你去驾驭生命，要么生命驾驭你，你的心态决定谁是坐骑，谁是骑师。"常言道："心态决定命运。"现代心理学已经证实，心态决定一个人的情绪，而情绪又决定一个人的人生。情绪源于心理，它左右着人的思维与判断，进而决定人的行为，影响人的生活。正面情绪使人身心健康，使人上进，能给我们带来积极的动力；负面情绪不仅给人的体验是消极的，也会使身体有不适感，进而影响工作和生活。情绪问题如果不予理会、不妥善处理就会越积越多，最后把你的一切都搅得面目全非。处理情绪问题的关键在于学会对各种情绪进行调适，将其控制在适当的范围内。事实上，喜、怒、忧、思、悲、恐、惊等情绪表现，恰恰是成功与失败的关键，这些情绪的组合有着非凡的意义，掌控得当可助你成功，掌控不当就会导致失败，而成功与失败完全由你自己决定。

我们每天都在经历各种各样的事情，以及这些事情给我们带来的诸多感受：时而冷静，时而冲动；时而精神焕发，时而萎靡不振。有时可以理智地去思考，有时又会失去控制地暴跳如雷；有时觉得生活充满了甜蜜和幸福，而有时又感觉生活是那么无味和沉闷。这就是心态和情绪在作怪，它存在于每个人的心中，而且在不同的时期、不同的场合产生不同的效果。你是否也有过这样的体会：心情好的时候，看什么东西都顺眼，就连原来不喜欢的人也有了几分好感，对原来看不惯的事也觉得有了几分道理；而心情不好的时候，面对再美味的佳肴也难以下咽，再美丽的风景也视若无睹。心态和情绪的影响力可见一斑，而成功和快乐总是属于那些善于控制自己的心态和情绪的人。卓越的成功者活得充实、自信、快乐，平庸的失败者过得空虚、窘迫、颓废。究其原因，是因为这两类人控制心态和情绪的能力不同。善于控制自己的心态和情绪的人，能在绝望的时候看到希望，能在黑暗的时候看到光明，所以他们心中永远燃烧着激情和乐观的火焰，永远拥有积极向上、不断奋斗的动力；而失败者并不是真的像他们所抱怨的那样缺少机会，或者是资历浅薄，甚至是上天不公。其实，大多数失败者失意时总是一味地抱怨而不思东山再起，落后时不想着奋起直追，消沉时只会借酒浇愁，得意时却又忘乎所以。他们之所以失败，就是因为他们没有很好地掌控自己情绪的方法。

善于调整心态、控制情绪，才能走向成功，才能拥有快乐的人生！人生最可怕的就是失控，而导致人生失控的罪魁祸首莫过于心态和情绪失控。让生活失去笑声的不是挫折，而是内心的困惑；让脸上失去笑容的不是磨难，而是紧闭的心灵。没有谁的心情永远是轻松愉快的，战胜自我，控制情绪，就要从"心"开始。我们无法改变天气，却可以改变心情；我们无法控制别人，但可以掌控自己。心态决定命运，情绪左右生活。如何调整心态、掌控情绪，如何疏导情绪，如何利用情绪的自我调节来改善与他人的关系，是我们人生的必修课。

目 录
\CONTENTS\

第一章　活在当下，而不是沉醉于童话…………………… 1

第一节　生活永远比童话要真实而残酷 …………… 1

　　勤劳女人不如聪明女人 ………………………… 1

　　你非赢不可 ……………………………………… 2

　　你想要的不会站在那里等你 …………………… 3

　　都想要往往都得不到 …………………………… 4

第二节　守住感性，多几分理性 …………………… 6

　　别把梦想扔在青春年少时 ……………………… 6

　　直觉靠天赋，更靠培养 ………………………… 7

　　男人不是靠得住的"取款机" ………………… 8

　　特立独行不等于为所欲为 ……………………… 9

　　固执地坚持得不偿失 …………………………… 10

　　城府也是一种人生智慧 ………………………… 11

第三节　换个思路，摆脱禁锢 ……………………… 13

成功就是再新一点儿 ·························· 13

不是因为跑得快，而是因为选对了路 ·········· 14

第二章 美人在骨更在皮 ·························· 16

第一节 先修炼你的脸，再修炼所谓内在 16

一分钟决定成败 ·························· 16

人人都在以貌取人 17

形象工程千万不能偷工减料 ·········· 18

不"妆"修的女人离完美总差一步 19

美丽从"面子"开始 20

别以为别人不会注意你的脚 ·········· 22

第二节 苦练仪态基本功才能鹤立鸡群 23

别让小动作出卖了你 ·················· 23

魅力形象在握手中尽显 ·········· 24

办公室白领，美丽坐出来 25

走出模特风姿 26

第三章 比颜值更重要的，是腔调 28

第一节 一辈子的学习不孤单 ·········· 28

学新，不怕被别人动了奶酪 28

学习怎样学习 29

书香女人并非要泡在书里 31

你比想象中更强大 …………………………………… 32

第二节 自己的心态由自己掌控 …………………… 33

偶尔可以慢半拍 …………………………………… 33

不能做情绪的奴隶 ……………………………… 34

幽默感是智慧的外在表现 ……………………… 36

心态决定你看到了什么 ………………………… 37

爱出者爱返，福往者福来 ……………………… 38

悲伤——最容易虚张声势的情绪 ……………… 39

让自信心膨胀起来 ……………………………… 41

第三节 赢在魅力——修炼你的影响力 ………… 43

做最优秀的人——你不能缺失影响力 ………… 43

丢失的风度会减损影响力的高度 ……………… 44

用工作打造个人品牌 …………………………… 45

小技巧让别人顺从你的思路 …………………… 47

第四章 做自己的事业，过想过的生活 ………… 49

第一节 入得厨房不如出得厅堂 ………………… 49

工作是你最大的靠山 …………………………… 49

不怕起点低，就怕没想法 ……………………… 50

幸福女人就要家庭与事业双赢 ………………… 51

自我推销——酒香也怕巷子深 ………………… 53

怀才不遇的人要先检讨自己 …………………… 54

第二节　职场俏佳人这样做 ⋯⋯⋯⋯⋯⋯⋯⋯ 55

不能要求公司适应你 ⋯⋯⋯⋯⋯⋯⋯⋯ 55

把找借口的时间省下来 ⋯⋯⋯⋯⋯⋯⋯⋯ 56

考虑清楚再跳槽 ⋯⋯⋯⋯⋯⋯⋯⋯ 58

工作中没有"女士优先" ⋯⋯⋯⋯⋯⋯⋯⋯ 59

第五章　做通透的女人，用智慧掌控交际 61

第一节　积攒人脉，女人会活得更精彩 61

做个人气女人 ⋯⋯⋯⋯⋯⋯⋯⋯ 61

孤单让你落寞，社交还你精彩 ⋯⋯⋯⋯⋯⋯⋯⋯ 62

别忘了和你的贵人多联系 ⋯⋯⋯⋯⋯⋯⋯⋯ 63

在五个交际圈中翩翩起舞 ⋯⋯⋯⋯⋯⋯⋯⋯ 65

第二节　女人应该懂的交往手段 ⋯⋯⋯⋯⋯⋯⋯⋯ 67

费口舌不如听人说 ⋯⋯⋯⋯⋯⋯⋯⋯ 67

给别人留余地就是给自己留余地 ⋯⋯⋯⋯⋯⋯⋯⋯ 68

分享——为了在需要时得到 ⋯⋯⋯⋯⋯⋯⋯⋯ 70

有心人能准确记住别人的名字 ⋯⋯⋯⋯⋯⋯⋯⋯ 71

调换身份，站在对方的立场上思考 ⋯⋯⋯⋯⋯⋯⋯⋯ 72

第六章　把爱情和婚姻雕琢成你想要的样子⋯⋯⋯⋯⋯⋯⋯⋯ 74

第一节　婚姻城堡的地基是现实生活 ⋯⋯⋯⋯⋯⋯⋯⋯ 74

干得好更要嫁得好 ⋯⋯⋯⋯⋯⋯⋯⋯ 74

拿出面包，爱情才不至于饥肠辘辘 ………… 75

不要想着改变他 ………………………… 76

婚姻玩不起机会主义 …………………… 77

互为奴仆，爱情岂能单向索取 ………… 79

第二节　恋爱与婚姻不是并行道 ………… 80

爱情是命运的选择，而婚姻是你的选择 ………… 80

千万别做"剩女" ……………………… 81

何必执着，聪明女人尽早把"烂牌"打出去 …… 82

第三节　完美主妇要学会烹调婚姻 ………… 84

付出七分的爱 …………………………… 84

以诚相待也要保留自己的秘密 ………… 85

和他站在一起并且能够帮助他 ………… 86

沉默并非都是金 ………………………… 87

吵架也是一门艺术 ……………………… 89

第七章　切记向"钱"看，面包越大越有安全感 …………… 91

第一节　做才女也要做财女 ……………… 91

女人是天生的商业奇才 ………………… 91

金钱不是生命的目的，但一定是生命的工具 ……… 92

理财——财智女人的基础课 …………… 93

第二节　财智女人的生意经 ……………… 94

"第一只螃蟹"最好吃 ………………… 94

小生意帮你融资 ┈┈┈┈┈┈┈┈┈┈┈ 95

一滴水与太平洋——感悟积累的力量 ┈┈┈ 97

敏锐嗅觉让你由穷变富 ┈┈┈┈┈┈┈┈ 98

第三节 持家有道，不做"月光"主妇 ┈┈┈ 100

巧主妇的家庭理财计划 ┈┈┈┈┈┈┈┈ 100

爱他，就看紧他的钱包 ┈┈┈┈┈┈┈┈ 101

准妈妈"生育金"知多少 ┈┈┈┈┈┈┈ 102

谁说全职妈妈不能赚钱 ┈┈┈┈┈┈┈┈ 105

"薪"时代夫妻理财之道 ┈┈┈┈┈┈┈┈ 106

第八章 要把自己活成锦，才会有人来添花 ┈┈ 109

第一节 爱自己，从关注健康做起 ┈┈┈┈ 109

危急！你可能正在亚健康中 ┈┈┈┈┈ 109

差一步健康，功亏一篑 ┈┈┈┈┈┈┈ 111

牺牲健康换不来美丽 ┈┈┈┈┈┈┈┈ 112

第二节 好的生活习惯让你健康一生 ┈┈┈ 113

做个活力四射的运动美女 ┈┈┈┈┈┈ 113

健康来自健康的生活习惯 ┈┈┈┈┈┈ 114

第三节 学会保养，女人就是要爱自己 ┈┈ 115

从1数到7，美丽吃出来 ┈┈┈┈┈┈┈ 115

每月那几天，呵护你的"好朋友" ┈┈┈ 117

第一章

活在当下，而不是沉醉于童话

第一节　生活永远比童话要真实而残酷

勤劳女人不如聪明女人

妈妈告诉女儿："天道酬勤。"可有时候却是：勤奋的人往往不富有。我们天天徘徊在家与公司之间，每天做着让我们头疼的工作，一天下来筋疲力尽。虽然劳累不堪，女人还是一再鼓励自己："年轻就应该努力，只要勤奋就会有好的结果，付出总会有回报。"可是，到头来，辛劳的汗水似乎根本换不来丰厚的回报。可是，一些平时看起来很清闲的人却每天开着自己的奔驰、宝马，疾驰于城市之间。这个现状让很多女人迷茫：勤奋难道没有用吗？

这里有两个原因：

其一，在具体的工作上耗费太多精力。

一提到富人，必提比尔·盖茨；一提到比尔·盖茨，必提

DOS操作系统。比尔·盖茨正是靠着这座金矿，一直挖下去，最终坐上了全球财富榜的第一把交椅。但DOS的发明者并不是他，真正的"DOS之父"很早就在一场酒吧斗殴中丧命，去世时只有54岁。

可见，哪怕像比尔·盖茨这种技术型人才，也不需要亲自去搞发明，固然他也发明了一些，但那不是他致富的根本原因。很多时候，我们需要在忙碌的工作之余，考虑一下自己的发展。做事越具体的人，可能会越没有时间和精力去规划未来。

其二，我们的努力可能方向错了。

一只小小的苍蝇，用尽短暂生命中的全部力量，渴望从玻璃窗飞出去。它拼命挣扎也无济于事，努力没有给它带来逃生的希望，反而成了它的牢笼。它再努力也无法逃出困境，但就在房间的另一侧，大门敞开着，它只要花1/10的力气，就可脱离这个自我设置的牢笼。

由此可见，付出的努力再多，你也不一定能够如愿以偿，有时候它反而成了一个大问题。这个故事发人深省，环顾四周，到处都是像可怜的小苍蝇一样的人，我们不是不努力，而是没有足够的智慧去找到成功的方向。要想成功，首先必须找准方向，然后再努力。

你非赢不可

女人要想获得一个成功的人生，就用看无聊电视剧的时间来学点儿经济学吧。先来看看什么是马太效应。

第一章　活在当下，而不是沉醉于童话

　　"贫者愈贫，富者愈富；强者愈强，弱者愈弱"的现象被称为"马太效应"。通俗地解释一下，"马太效应"就是"赢家通吃"——"肥马饱了也喂草，不顾瘦马饿着跑"。"马太效应"是当今社会中存在的一个普遍现象。任何个体、群体或地区，一旦在某一个方面（如金钱、名誉、地位等）获得成功和影响力，就会产生一种积累优势，就会有更多的机会取得更大的成功和影响力。

　　"马太效应"给人们揭示了一个不断增长个人和企业资源的需求原理，是影响个人事业成功和企业发展的一个十分重要的法则。而这个法则告诉女人，你非赢不可。这里的赢，可以指任何方面，不只是工作，你的个人生活也包括在内。

　　在当今社会，"成名"已经是成功最快捷的方式。影响力大的人，会有更多抛头露面的机会，媒体更愿意采访、报道他，商家更愿意邀请他做广告，他也会因此而更具影响力。所以，我们经常说失败是成功之母，而在这个时代，成功也是成功之母。从成功走向成功，成功有倍增效应。影响力也是一样，你越具影响力，就会越自信，而你的自信就会使你越容易提升影响力。

　　所以，你非赢不可，然后才能更加成功。

你想要的不会站在那里等你

　　人们总是以为自己还有大把的青春所以等待，觉得没有遇到好的工作所以等待，没有遇到好的另一半所以等待……这样等着等着，年华老去，然后把一切都归咎于命运，哀叹时运不济。这是很多"剩女"的心态。她们不选择自己努力去争取，而是把青春和激情都浪费在等待里。

如果你一直生活在等待里，自己本可以拥有的爱情和事业都会这样付诸东流。因此，你要明白，你想要的东西不会站在那里等你，只能你走近它，它不会主动靠近你。

在《机会》杂志创刊的时候，比尔·盖茨说过这样一句话："根据我自己的经验，我认为最不能等待的事是孝顺，在父母在世的时候要抓紧时间孝敬自己的父母。第二个是爱情，假如你爱上了一位姑娘，千万不要闷在心里，否则她就会属于别人。第三个是行善。"

生活中的许多事都是我们不能等待的。你是不是认为现在是创业的时候，孝敬父母可以等到自己事业有成之后？殊不知，"子欲养而亲不待"。你是不是为一点儿小事就和男朋友分手，认为现在自己还年轻，好男人有的是，认为自己以后会有机会等到一个更好的人？……有这些想法的女人，请你们抛弃这种想法，时光如流水，什么事都不会等你。有了想法，就要去实施，这个世界欣赏有想法、敢作为的女人，而在一旁默默等待的女人只能被这个世界遗弃。

都想要往往都得不到

欲望并不是一件羞于启齿的事情，我们每个人的内心都充满欲望，希望工作顺利、爱情美满、财源广进……每一件我们希望发生的事情都是欲望，这些欲望促使着我们去努力，以得到满足。但有的时候，如果你的欲望太过膨胀，结果可能会让你大失所望。

　　人生似一条曲线，起点和终点是无可选择的，而起点和终点之间充满着无数个选择的机会。女人，你如果什么都想要，最终可能什么也得不到。太多的幻想，往往使人不知如何选择。当你还在举棋不定时，别人或许已经到达目的地了。托尔斯泰说："人生目标是指路明灯。没有人生目标，就没有坚定的方向；而没有方向，就没有生活。"在人生的竞赛场上，无论一个人多么优秀、素质多么好，如果他没有确立一个鲜明的人生目标，就很难取得成功。

　　许多年轻的女性并不缺乏信心、能力、智力，只是没有确立目标或没有选准目标，所以没有走上成功的道路。道理很简单，正如一位百发百中的神射手，如果他漫无目标地乱射，就不可能在比赛中获胜。

　　聪明的女人要学会选择，学会审时度势，学会扬长避短。只有量力而行的睿智选择才会带来更辉煌的成功。"成名"固然风光，但并不是每个人都可以实现，"心想事成"只不过是美好的愿望。要想获得快乐的人生，你最好不要像过去那样行色匆匆，不妨停下脚步，暂时休息一会儿，想一想自己需要什么、需要多少。想一想有没有这样的情况：有些东西明明是需要的，你却误以为自己不需要；有些东西明明不需要，你却误以为自己需要；有些东西明明需要得不多，你却误以为需要很多；有些东西明明需要很多，你却误以为需要极少……

当你明确了自己的想法以后，再制订一个目标，向着目标前进，人生就不再迷茫，获得成功也就容易多了。

第二节　守住感性，多几分理性

别把梦想扔在青春年少时

梦想给人一种很诗意的感觉，它潜伏在每个女人的心灵深处。小时候，每一个女孩都有着不同的梦想，每当有人问她们，她们会七嘴八舌地说："我长大了想当老师和护士。""我长大了要当女宇航员。""我长大了要嫁给白马王子，过着幸福的生活。"……在小女孩的眼中，似乎自己梦想什么，长大了就能干什么。但随着年龄的增长，我们渐渐明白，有些梦想可望而不可即，于是我们渐渐地放弃了梦想——"世上根本没有白马王子，我也不是白雪公主""宇航员太遥远了，还是当销售员吧"。

最后，面对种种无奈，我们学会了放弃，把所有美好的梦想都扔掉了，只剩下赤裸裸的现实——高学历、好专业、高薪工作、有钱的男友、房子、车子、孩子……然而，放弃不代表释然，在夜深人静的时候，回想曾经的梦想，我们总会伤感惆怅。年少轻狂的日子终会过去，在现实面前，我们最终也只能发出一声遗憾的叹息。

但是，并非所有的梦想都遥不可及，在梦想与现实之间，我们应该不断地追寻，而不是一味地放弃和重复选择。这样，我们或许就能少些遗憾叹息，多些无悔和骄傲。

第一章　活在当下，而不是沉醉于童话

梦想，它不只是天方夜谭的幻想，还是女人美丽的衣裳，有梦的女人总会显得浪漫而多彩，她们的生活不会被现实的冷酷和无味影响，她们可以时时刻刻用一些小梦想来充实自己的生活。对于女人来说，梦想是值得珍惜的。梦想是心灵的花蕾，它像爱情一样，一旦浇灌，就能带给女人幸福愉悦的体验。

直觉靠天赋，更靠培养

直觉，是一种不经过分析、推理的认识过程而直接快速地进行判断的认知能力。比如，在几种方案面前可以凭直觉判断优劣，观看一部作品后可以凭直觉判断它可能产生的社会影响等。世界上没有一种动物比女人更相信自己的直觉。确实如此，她们是直觉敏锐的高级动物，常常能发现被隐藏的事物，或敏锐地感受到事物的真相。

对于一些事，女人不太在乎它们是否合乎情理，而是相信自己脑海中瞬间闪现的印象。她们对某人感到怀疑，往往不是因为事情不合情理，而是因为对方的眼神、表情、声调等有不自然的地方。也正是因为如此，一些打着"加班"旗号在外面花天酒地的男人，一回家便会被女人识破。

通过分析事业成功的女性的气质、性格，我们会发现她们拥有很强的直觉判断力。她们处理问题总是既准确又快捷，而不像男人必须经过周密的逻辑思考才下得了决断。有许多时候，人们对事物的发展变化难以正确地预见，而且时间紧迫，不容人们去慢慢思考。

生活经验越丰富，运用直觉的实践机会越多，你会越成熟老到，你的判断和推测就会越准确。因此，要时时注意去观察生活和事业中发生的各种现象，勤于运用直觉去判断它们的本质和结局，并在实践中检验，看你的直觉正确与否。不断如此训练，随着经验的增长，你的直觉运用起来也会更加得心应手。

男人不是靠得住的"取款机"

大多数女性，即便是怀揣着事业理想的女性都会在某个时刻希望自己钓到一个金龟婿，然后不用工作，想吃什么吃什么，想穿什么穿什么，以为嫁一个有钱的老公就等于有了个"永久取款机"。可是，这个"取款机"却未必靠得住。

女人希望自己的另一半有一定的经济实力，这是无可厚非的，但你能保证自己的"取款机"始终"运作良好"？如果哪天他失业了，成了"暂停服务"的状态，你要靠什么来保证你们的优质生活呢？所以，女人在经济上一定要独立。

还有一些女人，完全忽略男人的智商，总认为凭着自身的条件就有大把的"大款"追随。曾有一个故事：一个大款认识了一个女孩，开始谈得还不错，但不久后就突然分手了。原因很简单，两人约好了出去吃饭，说好是吃西餐的，进了西餐厅坐下，女孩突然说想吃川菜，此大款二话不说，扔下餐巾，冲出去，开车就走了。

大款对朋友说："看见这种小女人做派，实在是气不打一处来。都给惯得不成样子了，凭什么呀？"大款觉得，世界上只有两种女人值得他换一家饭店吃饭：一种是千里挑一的美女，一种是千里挑一的淑女。剩下的，"懒得伺候"。

整天都想着傍大款的女人，很少属于前者，更不会属于后者。而这个世界上，想傍大款的人多，真正的大款少。既然是大款市场，哪里轮得上傍大款的人说话呢？所以，没有独立的经济实力，想靠男人养活一辈子是不切实际的。

特立独行不等于为所欲为

时下的种种媒体，包括图书、杂志、电视等都在宣扬个性的重要性，并且举出了很多看起来特立独行的成功者的例子。这些宣传给涉世未深的年轻人带来了负面影响，他们把特立独行或者个性理解为怪异、为所欲为、随心所欲，并且认为这就是一种很超然的态度，是"酷"。可是他们忽略了一点，那些被当作楷模的"个性人士"都是功成名就的人。

许多名人都有非常突出的个性，爱因斯坦在日常生活中不拘小节，巴顿将军性格极其粗野，画家凡·高是一个缺少理性、充满了艺术狂想的人。

很多名人确实有突出的个性，但他们的这种个性往往表现在创作的才华和能力之中。正是他们的成就和才华，使他们的特殊个性得到了社会的肯定。不拘生活小节让爱因斯坦专注于研究；粗暴让巴顿将军拥有了震慑人的威力；艺术狂想让凡·高灵感不断。但如果爱因斯坦粗暴、巴顿充满艺术狂想、凡·高不拘小节，这样的组合就会让人感到怪异了。

所以，名人们的特立独行之所以被关注，实际上是因为他们创造了巨大的社会价值。社会需要你创造价值，首先关注的也是你的工作是否有利于创造价值。个性也不例外，只有当你的个性有利于创造价值，是一种生产型的个性，你的个性才能被社会接受。如果是一般的人，一个没有多少本领的人，他们的那些特殊行为可能只会遭到别人的嘲笑。

能为他人带来益处或者能创造价值的个性，再怪异也会被接受；毫无生产力甚至给他人带来负面影响的个性，只会受到嘲笑。张扬个性肯定要比压抑个性舒服，但是如果张扬个性仅仅是一种任性，仅仅是一种意气用事，甚至是对自己的缺陷和陋习的一种放纵，那么，这样的张扬个性对你的前途肯定是没有好处的。所以，不要使张扬个性成为你纵容自己缺点的一种漂亮的借口。

固执地坚持得不偿失

坚持本来是一种良好的品性，但在有些事上，过度坚持只会导致更大的浪费。从某种意义上说，放弃有时也是一种明智的选择，而且会收获更多。人生在世，有许多东西是需要坚持的，也有许多东西是需要放弃的。女人要学会选择、懂得放弃，这样才能把握好人生的方向，掌握好命运之船的航向。

面对机会，女人常有许多不同的选择方式。有的女人会单纯地接受；有的女人抱持怀疑的态度，站在一旁观望；有的女人则固执地不肯接受任何新的改变。而不同的选择，当然会导致迥异的结果。许多成功的契机，起初未必能让每个人都看得到深藏的潜力，而起初抉择的正确与否，往往更决定了你成功与否。

在人生的每一个关键时刻，审慎地运用你的智慧，做最正确的判断，选择属于你的正确方向。同时别忘了随时检查自己选择的角度是否产生偏差，适时地加以调整，千万不能把一套哲学应用于人生所有的阶段。

时刻留意自己所执着的信念，是否与成功的法则相抵触。追求成功，并非意味着你必须全盘放弃自己的执着，要去迁就成功法则。你只需在思想上做合理的修正，使之与成功者的经验及建议相一致，即可轻松走上成功之道。

女人要丢掉无谓的固执，冷静地用开放的心胸去做正确的抉择。正确无误的选择将指引你走上通往成功的坦途。

城府也是一种人生智慧

一提起"城府"，大家心中闪现的第一个感觉是"可怕"。那待人处世的心机、令人难以揣测的用心，让人一想到便不寒而栗，与这种人打交道，似乎稍有不慎便会有被玩弄于股掌之上的危险。

其实，从另一个角度看，"城府"难道不是一种人生智慧的代名词吗？

深有城府可能是人生的至高境界，这样的人一般都是些得道高人，他们永远似睡非睡，对什么事都不感兴趣，总是一副淡淡的、与世无争的样子，安安然然地生活。他们或者"采菊东篱下，悠然见南山"，或者身居闹市，仍心明如镜。能以出世的精神干入世的事业，一切功名利禄，他们拿得起、放得下。可是，你别以为这种角色好惹，若关系到利害时，他们也会有一些惊人之举。深有城府者只是披着"愚者"的外衣，混迹在平凡的大众之中，实际上他们睿智得很。深有城府者藏才隐德，谦虚谨慎，以弱制胜，比普通人成功的机会更多。

我们处在一个越来越开放、越来越急功近利的时代，人类的才智得到空前的解放和开发，人们争先恐后地显才露德，人人梦想着出人头地，扬名万里。但如果你处处显山露水，争着炫耀自己，想尽办法成为别人妒羡的目标，那么，在你的虚荣心不断得到满足的时候，你离失败也越来越近了。

让自己有点儿城府，别总为了表现自己而高谈阔论。急功近利者对于诸多事情，总是喜欢发表主张。主张是对事物的观察所得，观察分析之后才能有所得，所得能够成为一种主张，当然是一件可喜的事情。但有句俗话，"心随精英，口随大众"，公然违逆大众，以此显示你的独特不凡，结果不但会导致失败，而且可能会带来风险。

第三节　换个思路，摆脱禁锢

成功就是再新一点儿

创新是任何领域得以发展的关键，所有的努力都是为了更新一点儿。创造性思维是成功必不可少的要素，不陷在已有的模式里，发现新的点，才能获得成功。女人想要在自己的人生中有所突破，就必须再新一点儿。

法国美容品制造师伊夫·洛列是靠经营花卉发家的。伊夫·洛列从1960年开始生产美容品，到1985年，她已拥有960家分店，她的企业在全世界星罗棋布。

她的成功得益于她的创新精神。早年，伊夫·洛列从一位年迈女医生那里得到了一种专治痔疮的特效药膏秘方。当时，人们认为用植物和花卉制造的美容品毫无前途，没有人愿意在这方面投入资金，而洛列却反其道行之。她根据这个药方研制出一种植物香脂，并开始挨家挨户地去推销这种产品，但销售效果并不是很好。于是，她开始思索新的销售方式。她在《这儿是巴黎》杂志上刊登了一则商品广告，并附上了邮购优惠单。

这一大胆尝试让洛列获得了意想不到的成功，她的产品开始在巴黎畅销起来，原以为会泥牛入海的广告费用与其获得的利润相比，显得微不足道。如果说用植物制造美容品是洛列的一种尝试，那么，采用邮购的销售方式，则是她的另一创举。时至今日，邮购商品已不足为奇了，但在当时，这却是史无前例的。

金克拉说："如果你想迅速致富，那么你最好去找一条捷径，不要在摩肩接踵的人流中拥挤。"女人要想成功，就必须学会创新，只有创新，才能够在以男权为主的社会中立足并成就自己的事业。爱因斯坦说："把一个旧的问题从新的角度来看，是需要创意的想象力，这成就了科学上真正的进步。"

创新本身就是个怪结，没有人能把它解开，它也没有一个真正意义上的解释和定义。但可以肯定的是，创新绝不是一般意义上的模仿、重复，多加入一点儿你自己的思考，不按常理出牌，你可能就会有意外收获。

不是因为跑得快，而是因为选对了路

有一个自认为自己各方面都很优秀的青年，希望获得众人的赞同，但经过多年努力，仍然没有长进。他很苦恼，就向智者请教。智者叫来正在砍柴的三个徒弟，嘱咐说："你们带这个年轻人到五里山，多打点儿柴火回来。"年轻人和三个徒弟沿着门前湍急的江水，直奔五里山。

等到他们返回时，智者站在原地迎接他们。年轻人满头大汗地扛着两捆柴蹒跚而来；两个徒弟一前一后，前面的弟子用扁担左右各担四捆柴，后面的弟子则什么也没有拿，轻松地跟着。正在这时，从江面驶来一个木筏，载着小弟子和八捆柴火回来了。

年轻人说："我做事很麻利，一开始就砍了六捆，但是扛到半路没有劲儿了，于是扔了四捆，只把这两捆扛回来了。"

大徒弟说："我和二师弟合作，一人砍了两捆柴跟着这个施主走。但是我们把柴放在一起，轮换担柴，并不觉得累。最后，又把施主丢弃的柴挑了回来。所以每人有四捆。"小徒弟接过话："我个子矮，力气小，别说两捆，就是一捆，这么远的路也挑不回来，所以，我选择走水路……"

智者用赞赏的目光看着徒弟们，微微颔首，然后走到年轻人面前，拍着他的肩膀，语重心长地说："一个人要走自己的路，本身没有错，关键是怎样走；走自己的路，让别人说，也没有错，关键是走的路是否正确。年轻人，你要永远记住：选择比努力更重要。"

我们一直以为坚持就是好的，而放弃就是消极的。其实坚持代表一种顽强的毅力，它就像不断给汽车提供前进动力的发动机。但是，前进需要正确的方向，如果方向不对，只会越走越远，这时，只有先放弃，等找准方向再重新努力才是明智之举。

第二章

美人在骨更在皮

第一节　先修炼你的脸，再修炼所谓内在

一分钟决定成败

英国形象设计师罗伯特·庞德说过："这是一个两分钟的世界，你只有一分钟展示给人们你是谁，另一分钟让他们喜欢你。"古代哲人伊本·穆格法说："良好的形象是美丽生活的代言人，是我们走向更高阶梯的扶手，是进入爱的神圣殿堂的敲门砖。"

他们所共同传达的就是，你在与人见面时就已经留给他们深刻的第一印象，而这个第一印象又往往来自于外表，而良好的外表形象决定了你的成败。

多年前，刚从本科毕业的索菲亚，面临两个选择：一是踏入商界，二是留在学院。后来发生的一件事使她决定留在学院。当时索菲亚遇上一个好机会，有人愿意向她投资10万英镑，以资助她创业。结果当她匆匆地赶去洽谈时，那人却单刀直入地对她

说："你的衣着表明你在商业上缺乏才能，你没能给我在经济方面一个可靠的承诺。"

当时的索菲亚如遭当头棒喝。她本以为凭自己的智力和满腹学问可以说服别人。实际上，那次会面，她根本就没有机会说出心中的蓝图。而原因就在于外在形象，她寒酸的衣着让对方老远就给她投了反对票。

过了很多年，索菲亚还能回想起当时的寒酸表现。想想看，别人投资是为了赚钱，经济上缺乏承诺的人能让他人相信吗？所以，从此索菲亚开始注重打理自己的外在形象了。

形象是每个人向世界展示自我的窗口，向社会宣传自我的广告，向别人介绍自我的名片。别人从我们的形象中获取对我们的印象，而这个印象又影响着他们对我们的态度和行为。同时，每个人都在这个最基本的互动过程中追逐着自己人生的梦想，实现着生命的价值。

既然形象具有如此巨大的能量，为什么我们不能对此更重视一些，为自己的形象工程多多投入，为自己赢得更多的决胜性的一分钟呢？

人人都在以貌取人

大家都知道"以貌取人"有失公正，但是在现实生活中，大家却又都这样做着，因为外表美是一个人给他人留下的最直观、最有冲击力的印象。如果可以长久地与人交往，还有可能被人发现自己的内在美，但更多的时候，人与人的交往是短暂的，别人根本就没有机会了解你的内在。更可悲的是，有很多人，由于糟糕的外表而使自己失去了被别人深入了解的机会。

现代社会，美正在发挥越来越大的效应。在商场，富有商业经验的管理者，会选择漂亮迷人的姑娘作为商场导购人员，美女们甜甜一笑，总能牵动不少人的心；在车展上，千姿百态的车模们成为会场的宠儿，成千上万的男士们忘情地流连其中，不知道是在看车，还是在"赏花"；更有精明的商人，已经不再停留于靠美女赚钱的阶段，而大张旗鼓地做起了"美女经济"，他们让漂亮女人为服装、饰品、化妆品做广告，吸引着无数爱美的女人争相追逐，而这些女人由此获得的回报又使她们"无法自拔"地沉醉其中。总之，这个世界总是为美人开道，上帝似乎都更眷顾美人。

所以对于女人来说，良好的形象犹如一支美丽的乐曲，它不仅能够提升自信心，也能给别人带来审美的愉悦，既符合自己的心意，又能左右他人的感觉，使你办起事来信心十足，一路绿灯。

形象工程千万不能偷工减料

什么样的女人才叫美女？五官精致，身材迷人，还是气质优雅？其实美女只是个统称而已，每个女人都可以是美女，只要你愿意保养和打扮的话，谁说你不会是众人眼里一朵娇艳的玫瑰花呢？

生活中我们常常看到穿着睡衣就外出买菜、买早点的女人，蓬松的头发，睡眼惺忪地打着哈欠，试问这种女人能给人美的感受吗？连睡衣都不换就出门，恐怕梳妆打扮之事也照样懒得劳神吧？还有一些年轻的女人，东拉西扯的头发，油光发亮的脸，随意套在身上的衣服，风尘仆仆的鞋子，满是污垢的指甲等，也照样"我行我素"。不难想象，这样的女人能有多少魅力可言？

这个世界上，对女人来说，没有天生丽质不是你的悲哀，懒惰则是你最大的不幸！英国作家毛姆曾经说过："世界上没有丑女人，只有一些不懂得如何使自己看起来美丽的女人。"女人要追求美，就要付出代价，不是要你"一掷千金"地整容、购物，而是要你在平时的各个细节上重视自己的形象。即使你时间再紧，每天几分钟的打理，每次买衣服时的考量也占用不了多少时间。女人要想在社会上立足，"面子"是头等大事，而且越是上流社会越重视形象问题。一个仪容不整、形象邋遢的女人，得不到任何人的重视和信任。女人们，为了自己光辉的人生，请开始投资自己的"形象工程"吧。

不"妆"修的女人离完美总差一步

你也许会自嘲地想，上帝造人时的失误造就了你，想做美女还是再等一世吧。事实上，聚光灯下的明星跟你一样，不化妆的她们也一样的普通，普通到掉在人堆里就找不出来。

高明的化妆师说："化妆的最高境界可以用两个字形容，就是'自然'。最高明的化妆术，是经过非常考究的化妆，看起来好像没有化过妆一样，并且这化出来的妆与主人的身份匹配，能自然表现那个人的个性与气质。

次级的化妆是把人凸显出来，让她醒目，引起众人的注意。

拙劣的化妆是一站出来别人就发现她化了很浓的妆，而这层妆是为了掩盖自己的缺点或年龄的。

最坏的一种化妆，是化过妆以后扭曲了自己的个性，又失去了五官的协调，例如小眼睛的人竟化了浓眉，大脸蛋的人竟化了白脸，阔嘴的人竟化了红唇……"

相信这些心得能给你提供最宝贵的建议。

爱化妆的女人，懂得追求生活的美；会化妆的女人，懂得把握艺术的美。无论如何，女人是离不开美的，在这个世界上，到处都充满了美，在这个现实中，又到处都缺乏美。女人不仅是美的追求者，还应该是美的创造者、表现者。那么，就赶紧准备好你的"化妆箱"，"妆"扮你的美丽吧！

美丽从"面子"开始

"面子"在女人的形象中占有很重要的地位，因此对年轻的女人来说，"面子问题"可谓天底下最重要的事情，她们日复一日、不辞劳苦地在不足十寸的"土地上""辛勤劳作"。工作是如此紧张，颜面问题却不得不重视，费神又费心，所以清新、舒适、简单的妆容越来越受到现代女性的欢迎。

女人可以根据自己的肤色化妆，只要掌握了化妆的技巧，就能达到很好的效果，为自己增添魅力。

1.白皙皮肤

白皙的皮肤较黑皮肤更易显出瑕点，因此应用浅色的遮瑕膏及粉底。将遮瑕膏分别点在眼睛、鼻周围部位及颧骨等部位，小心按摩眼睛周围的娇嫩肌肤；如果皮肤呈现出任何红色斑块，可改用有修改色调作用的修护粉底，用海绵把两者混合；在颧、面颊及前额点上粉底，涂抹后再扑上透明的干粉；眼部涂上亚褐色眼影，用柔和的古铜色胭脂扫擦颧部。

2.深色皮肤

大部分深色皮肤有色斑，需要妥善处理。用比你的肤色浅两度的遮瑕膏，扫擦较深色或不均匀的部位；宜使用不含油脂的液体粉底，色调应该比你的肤色浅；轻轻扑上透明干粉。对于黝黑皮肤，你可能需要用有色干粉，可抹上紫丁香或粉红干粉，增加暖色的感觉；然后抹上黄褐色或古铜色胭脂；以灰色或深紫色眼影美化明眸。

3.橄榄色皮肤

橄榄色皮肤看起来灰黄疲乏，因此带粉红色的粉底可以令人精神一振。用遮瑕膏遮蔽瑕点，小心按摩；用湿海绵涂粉底，切勿漏掉耳朵部位，颧骨部分要看起来自然；用大毛刷施上紫丁香干粉，遍扫面及颈项各个部位；用干净的毛刷扫去多余干粉；用黑褐色或紫红色眼影，唇膏用玫瑰红色，令脸部明艳照人。

4.雀斑脸

用浅色液体遮瑕膏遮掩阴影及瑕点，可将白色修护粉底液混合浅米色粉底，调成遮瑕膏，轻轻点在眼睛周围，小心按摩眼睛周围的皮肤；雀斑皮肤只需要少许干粉，如果面部的雀斑显著突出，可以采用化眼妆的方法来转移视线，把他人的注意力吸引到眼睛上；眼线要贴近眼睫毛，用灰色及褐色眼线笔，这样看起来比较自然，切勿使用黑色，否则会与浅色的皮肤形成强烈的对比；涂上黑褐色睫毛液，再用软毛刷涂上浅褐色睫毛液，令眼睛看起来自然柔和；用玫瑰色唇膏掺杂玫瑰水，使朱唇保持湿润，要使妆容自然，可用海绵块轻轻抹去多余的颜色；最后在面颊上施上锈色胭脂，使之艳光四射，引来羡慕的目光。

别以为别人不会注意你的脚

很多女人热衷于对妆容、衣物的雕琢，却往往忽视脚底的打扮，一年到头就那两双鞋子。殊不知，鞋子是服装搭配里的一项重头戏，女人如果只讲究衣着的光鲜华美，却"不伦不类"地配上一双不合时宜的鞋子，其结果只能令她的气质和品位大打折扣。那么，如何用鞋子装扮自己，让自己成为人人艳羡的魅力女人呢？下面就让我们一同走进鞋子扮靓的魔法世界吧。

1.鞋之色彩

鞋只是用来点缀整体形象的，尽量不要穿有太多装饰、样子太复杂的鞋。鞋子款式要大方，如果别人第一眼看到的是你的鞋子，那就是失败的穿着。最舒服的鞋是平底的，或者是1寸半到2寸厚的有跟鞋。

鞋子的款式千变万化，颜色也多种多样，但是，与服装容易搭配的还是款式简单、大方的皮鞋。黑色、棕色的最为实用，可以与多种颜色的服装搭配。另外，白色、红色、灰色的鞋也有很多人喜欢，但要注意与服装的搭配。

2.鞋之感觉

鞋子的质量不仅反映了人的身份，还能使你避免皮鞋开线、掉跟等尴尬状况的发生。况且，一双优质的鞋子远远要比劣质的鞋子穿的次数要多，寿命也长得多。

既然一个成熟的女人不会只被男人外表的光环所吸引，而是细细地考察他的内涵，那么，在选鞋时，她也会坚守一个原则：即使一双鞋看起来再时髦，也绝不忽略它的内部构造是否舒适合理。

3.鞋与衣的合奏

鞋子与服装犹如叶和花，相辅相成。鞋与服饰从色彩到款式，其协调与否，既能成功地使服饰增辉，也可以导致失败。所以，穿鞋的基本原则是既舒适又漂亮，鞋的款式和色彩要与所穿的服装式样相协调。

第二节　苦练仪态基本功才能鹤立鸡群

别让小动作出卖了你

女人的肢体神韵除了来自形体所显示的美艳灿烂外，还来自各种美的优化组合。这种神韵可以使姿色平常的女人变得楚楚动人，这种令人难以捉摸的神韵就体现在举止、体态和表情上。它也许是一道眼波、一举手一投足、一颦一笑，也许是一种超越视觉范围的默契，或许是某种体态的优雅美妙等。

但有时，一些不雅的小动作就会在顷刻间将你塑造出来的淑女形象毁于一旦。

宴会上走来一位靓丽的女人。精致的妆容在璀璨的珠宝的映衬下闪闪发光，剪裁得体的晚礼服勾勒出她完美的身体曲线。在场所有的男士，甚至包括女士都被她的光彩所打动，不由得把注意力都投向了她，甚至有几位商界名流打算走过去与之搭讪。就在大家的欣赏之下，这位美女突然伸手到腰间，隔着裙子整理了一下自己的内裤。就这样一个小动作，让所有原本关注她的人下意识地把头偏向一边，本来打算要认识她的商界名流也赶紧退避三舍，而这个女士还不知道发生了什么。

当你注意了自己的妆容、服饰，一定不可以忽视了自己的小动作。公众场合中的一些不雅小动作会让你的形象大打折扣，并且由此让你失去很多机会。注意你的头部姿势、手势等动作，尤其在特殊场合，一定不要让不雅的小动作出卖了你。

良好的形象是你的宝贵资源，这份资源令你在追求成功的道路上如虎添翼，在芸芸众生中凸显出高贵的自我。事实上，大企业家和政治家、艺术家一样，他们的言行举止都是经过设计的。

魅力形象在握手中尽显

握手是现代社会交际中一种最普通的礼仪，但是你可能不会意识到这个动作会给你的形象带来巨大的影响力。在各类商务、公务及普通的社交场合，握手礼是使用最频繁的礼节形式，不同的握手方式展现给人不同的形象。所以，想要在初次见面时就向对方展示你的魅力形象，你就一定不能忽视了握手。

与人握手时，握得较紧较久，可以显示出热烈和真诚来，给人留下深刻印象。

握手可以表现出一个人是否饱含真诚。真诚的人握着你手的时候是暖暖的，虽然他手的实际温度或许并不高，但他的真诚通过两只手热情地传递过来，让人对他产生信赖和好感。通过社交场合的握手礼，常常能折射出一个人的礼仪修养。如果与人握手时左手还插在口袋里，那显然毫无诚意；如果眼睛东张西望，或是伸出的手给对方一种有气无力的感觉，或是握得太紧叫人难堪，或是生硬地摇动都会令人不悦，印象不佳。恰到好处、优雅自然的握手就应是简短有力地一握，两眼愉快地凝视对方，表达出你温和、友善的心意和渴望进一步交往的美好愿望。

办公室白领，美丽坐出来

OL一族总是每天要8小时坐在冷气十足的办公室里，长期地保持一个坐姿也容易让女人腰酸背痛、脊椎僵硬。这种情况下，很多女人往往就像打蔫儿的茄子一样瘫软在自己的座位上，大失仪表。

坐姿是一种艺术，坐姿不好，直接影响到一个人的形象。对于女人来说，这一点尤为重要。在各种场合，都要力求坐得端正、稳重、温文尔雅，这是坐姿的最基本要求。坐姿如何，是影响女人魅力的一大要素。虽然，不宜用"坐如钟"来一律强求，但坐姿不端，像打蔫儿的茄子，这种女人在别人的心目中会留下一个不好的印象。

但是，长时间地保持一个坐姿又的确让人身体吃不消，如何在保持形象与寻求舒适中找到一个平衡点呢？

要保持良好的办公室白领形象，就要克服这些坐姿。包括半躺半坐，前仰后倾，歪歪斜斜，两腿伸直、跷起或双腿过于分开，跷二郎腿并颤腿摇腿，将两手夹在大腿中间或垫在大腿下，用脚勾着椅子，脚放在沙发的扶手上等。不雅的坐姿给人轻浮且缺乏修养的印象，是失礼及不雅之举动。

坐是以臀部做支点，借以减轻脚部对人体的支撑力。坐能使人们较长时间地工作，也是人们日常生活、社交中的常用姿势之一。因此，端庄、优雅、舒适的坐姿很重要，而且良好的坐姿对保持健美的体形也大有益处。

容貌和身材是天生的，但坐相却是可以更改的，坐相不佳能直接削减一个人的气质。因此，女性在社交场合中，只要意识到自己的一举一动都在别人的"监督"之下，就能时时注意约束自己，在潜移默化之中渐渐养成保持优雅坐姿的习惯。

走出模特风姿

我们的情绪常常会表现在腿形、步态上，精神百倍的人走路会让人觉得他气宇轩昂，而萎靡的人走路则让人觉得他慵懒。步幅很小、弯曲着膝盖、低着头走路，无论你多么年轻，看起来也没有朝气，像个老太太。而膝盖伸直、快步走路，哪怕上了岁数，也会给人很精神的感觉。这两种走路姿势简直是鸭子与白天鹅的对比。

没有比走路姿势更能决定一个人给我们的整体印象的了。所以，女人，要想给别人留下深刻的印象，给自己以及周围的人留下美好的感受，那么，你就得像蹒跚学步的孩子那样，认真地迈好每一步。

我们经常看到时装模特的表演，可以说时装模特在舞台上，是以如何更美的走动来决定胜负的。从正面、侧面、后面各个角度看去，都必须是没有缺陷的、完美的走路姿势，才能够充分表现服装的内容，甚至可以说走路姿势就足以决定一个模特的水平。那些被称为"超模"的模特，不仅容貌、体形比较完美，走路姿势也都是很优美的。

这些美丽的"行走窍门"又是什么呢？

姿势要正确，左右的肩胛骨向背部的中间靠近。要注意保持这种姿势，因为人在开始行走后，不知不觉中注意力就会移到腿部，上半身就容易松弛下来。注意头部不要向前伸出，要有意识地将下巴尽可能地伸出。这样就能让肩胛骨自然收紧，胸部应该自然向前挺出。在"一条线上行走"，可以以地板线或室内地面线等为依照，试着在一条直线上走动。要注意踩在线上面的不是脚尖，而是脚后跟。

像模特一样地行走吧，让美丽的姿态成为别人眼中的风景，也为自己的心情打一针"强心剂"。

第三章

比颜值更重要的，是腔调

第一节　一辈子的学习不孤单

学新，不怕被别人动了奶酪

曾经有一本畅销书《谁动了我的奶酪》讲了这样一个生动的小故事：故事发生在一个迷宫中，有四个可爱的小生灵住在这里。它们原本拥有吃不完的奶酪，可突然有一天它们发现奶酪没有了，再也没有原来丰衣足食的日子了。它们中的两只小老鼠立马开始寻找新的奶酪，并最终发现了新的奶酪。而另外两个小精灵则在原来的地方，饿着肚子不停地询问："谁动了我的奶酪？"

"奶酪"可以看作我们在现实生活中所追求的目标，比如工作、生活状态、金钱、爱情，等等。我们可能原本就实现了这些目标，并且在成绩上沾沾自喜。比如三十岁左右的女人，家庭和事业都日趋稳定，可是变化总是常在的，我们可能突然地哪一天就失去了手中的东西，可能失业，可能离婚，可能你的生活发生了大的变动。这个时候就像你一直享用的奶酪被人偷走了，你是站在原地抱怨还是学习新知，敢于改变呢？

在现实生活中，很多女人追求一种稳定不变的东西，奢望永恒。但这个世界上，只有变化是永恒的。所以要想永远跟上时代，光靠原有的知识坐吃山空根本不行，必须不断"充电"。学新，不断以各种新知充实自己，这样才能面对新的挑战，你也就永远不用担心自己的奶酪被别人拿走。

学习怎样学习

珍尼特·沃斯和戈登·德莱顿在《学习的革命》一书中认为："真正的革命不只在学校教育之中，它在学习如何学习，学习你能用于解决任何问题和挑战的新方法中。"台湾企业战略专家石滋宜博士认为：懂得如何学习的人，自然能掌握变化、掌握趋势。懂得如何学习的人，自然有事业心、有应变力。懂得如何学习的人，自然能够有创造力、有前瞻性。过去我们说，不愿学习是愚蠢的，而加拿大媒体怪杰麦克鲁汉却直言："不会学习，是一种罪恶。"所谓"会学习""如何学习"，实质就是倡导创造性学习、高效学习。如何能更有效、更高效地学习，这本身就是知识和学问。

学习的方法包括以下几种：

1.选择性学习

即充分考虑自己的才能和爱好去选择。自己的才能结构如何？优势是什么？不足的地方又是什么？要做到心中有数。注意力不行的，就要学习如何集中注意力的技术；自制力不行的，就要学习驾驭情感、控制行为的诀窍；记忆力不行的，就要学习培养记忆力的方法。

2.理解性学习

"知其当然"，还要"知其所以然"。阿基米德为什么能发现皇冠的秘密？曹冲称象的方法的根据是什么？都要从理论上把它们搞清楚。吸取不是机械地吸取，而是要在理解的基础上吸取，如果囫囵吞枣，就会"消化不良"。

3.迁移学习

吸取的目的是为了更好地创造，因此，吸取之后我们要会运用。医学上的叩诊，是100多年前奥地利医生奥恩布鲁格发明的。他父亲是个酒商，只需用手一敲酒桶，就能知道桶内有多少酒。因此，奥恩布鲁格联想到人的胸腔和酒桶相似，如用手敲胸腔，不也能诊断出胸腔是否有毛病吗？经过他反复实验，叩诊的方法诞生了。这位医生用的就是迁移原理。

可见，这里的知识包括了科学、技术、能力、管理等。一、二类知识可以通过读书、听讲和查阅数据库、资料而获得，也可以通过传授而获得，而三、四类知识主要靠实践。其中第三类知识学习的典型例子是师带徒，言传身教，而且还必须通过亲身的实践才能学到手。第四类知识在社会实践中，有时还通过特殊的教育环境学习。第三、四类知识（即沉默知识、情商）是在社会上深埋着的知识，不易从正式渠道转移这些知识。

无论是哪一类知识都需要我们运用合适的方法，所以在学习它们之前先找到最适合自己的学习方法吧。

书香女人并非要泡在书里

很多有名的女企业家在谈到如何利用闲暇时光的时候都会提到，床头摆着一本书，每天再累也不占睡前读书的时间。这绝对不是自我粉饰，读书让她们睿智，并且目光高远，所以她们才能洞悉商场上的玄机，做出理智的决策。

读书带给女人思考；读书带给女人智慧；读书会使女人漂亮的大眼睛变得层次丰富，色彩缤纷；读书教会女人在笑的时候笑，在忧伤的时候忧伤；读书还使女人明白自身价值、家庭的含义。当女人读书的时候，书中的内容便化成了营养从身体里面滋润着女人，由此女人的面貌开始焕发出迷人的光彩，那光彩优雅而绝不显山露水，那光彩经得起时间的冲刷，经得起岁月的腐蚀，更加经得起人们一次次地细读。

书就像一把金钥匙，帮助女人开阔视野，净化心灵，充实头脑。书让女人变得聪慧，变得坚韧，变得成熟。女人懂得包装外表固然重要，但更重要的是心灵的滋润。读些好书，会让女人保持永恒的美丽。

不过，做一个书香女人就一定要把自己所有的时间和精力全部花在读书上面吗？你大可不必时时刻刻抱着书本。学会正确地读书，你会发现每天只用很少的时间也能让你领悟书的魅力，并且书香绕身。

做一个
有格局的女子

　　功利性的读书会被很多文学名家批评。但对于并不从事文学研究的你来说，这样读书却是最有效率，让你收益最大的方式。因为离开了学校，你所承担的个人、家庭、社会责任让你没有那么多零散的时间可以自由支配，读一本对你来说毫无意义的书只会浪费你的时间。

　　首先，要清楚自己想知道什么，然后根据这些想法去寻找相关的书籍。比如你想了解某个历史人物，就读读他的传记、作品、他所生活的时代的历史背景等，在你感觉深入了解他以前，不要把你的兴趣移到别的地方。

　　其次，你可以迷信经典。多读一些已经得到大众和学界公认的好书。你不是专业学者，没有必要花时间去寻找一本好书，倒不如让别人花这个时间，而你享受这些成果。

　　知道了这些原则，每天只需要花上睡前的半小时来阅读，你就可以像我们开头说到的女企业家一样，做个不迂腐的书香女人。

你比想象中更强大

　　我们的潜力到底有多大？1980年，著名的心理学家奥托指出："一个人所发挥的能力，只占他全部能力的4%。"据说像爱因斯坦这样伟大的天才，其潜能的发挥也还不到10%。我们的潜力蕴藏在内，连我们自己都毫无知觉。但是在一些危急时刻，这些潜力却可以突然迸发出来。

　　其实，潜力是塑造你形象富有魅力的一部分。当别人认为你有潜力可挖的时候，你就最容易散发出你的魅力。人的一生不可能用完自己的全部智慧。厚重的潜力就埋藏在你灵魂最深层的地方，必须像树根一样，不断向泥土深处拓展，才能吸收丰沛的水分。学会挖掘潜力，有时这样的工作并不是智慧者专有的权利。即使没有文化的农人，他也会在年复一年的劳动实践中，寻找少流汗水的捷径。潜力是在你寻找的视线里，不断将生命的根须向前延伸的，你要相信自己，哪怕是你已经碰壁到绝望的境地，也不要回头，潜力的底层，是最坚硬、顽固的。当然，我们的潜力一部分是天生的，另一部分是后天努力挖掘的。天生的那一部分构造了你的悟性，而后天挖掘的部分沉积着你的智慧。所以，你必须经常用知识补给潜力生长所需要的养分，这样，潜力的源泉才永远不会枯竭。

所以，永远不要低估自己，你比你想象中要强大。

第二节　自己的心态由自己掌控

偶尔可以慢半拍

女人们每天奔波在家和工司之间，她们的每根弦都绷得紧紧的，不敢慢了半拍。无论是工作中还是生活中，善于计算的女人也想尽各种办法尽力节省时间，快速完成手头的工作，然后又忙不迭地开始下一项。但是这样高速度的运转却并不一定带来高效率，随着速度文化的蔓延，减速、有勇气放慢速度、抛弃速度观念等也应运而生。少点儿工作，不仅可以更有成果，而且能更好地决策。"慢"已变得越来越重要，空闲和宁静再次受到重视，女人必须重新学会享受自然的节奏。

在夏威夷的海边，有一个富翁在度假。这时，他看到一个渔翁悠然自得地在晒太阳。他走上去问："你在做什么？"

"享受阳光的沐浴。"

"你这样下去，什么时候才能有钱呢？"富翁笑着说。

渔翁看了看富翁说："那有了钱做什么？"

"有了钱像我一样去旅游、度假，享受大自然的美景啊。"富翁得意地说。

渔翁笑笑说："可是我现在就是在享受大自然的美景啊。"

生活中，许多人都像故事中的那个富翁，只是一直往前追，追逐着自己想要的生活，却忽略了现在已经拥有的阳光浴。很多时候，我们只顾匆匆赶路，而忘记了生活的真正意义，在高速度中失去了享受的权利。放慢你的脚步，欣赏途中的风景，时间就在你放慢速度的过程中绽放它内在的美丽，让你璀璨无比。

不能做情绪的奴隶

女人喜欢用感性思维，感情至上的女人总是被称为"情绪化动物"。男人更是用"妒妇""报复心强的女人"来讪笑我们。这是女人的特点，丰富的感情可以成为动力，但如果不会控制情绪，它就会严重伤害你。

情绪是对生理的需要是否得到满足而产生的态度体验。情绪的种类很多，一般分为以下6类：

1.原始的基本的情绪。具有高度的紧张性，包括快乐、愤怒、恐惧和悲哀。

2.感觉情绪。包括疼痛、厌恶、轻快。

3.自我评价情绪。主要取决于一个人对自己的行为与各种行为标准的关系的知觉。包括成功感与失败感、骄傲与羞耻、内疚与悔恨。

4.恋他情绪。这类情绪常常凝聚成为持久的情绪倾向或态度，主要包括爱与恨。

5.欣赏情绪。包括惊奇、敬畏、美感和幽默。

6.心境情绪。这是比较持久的状态。

能否很好地控制自己的情绪，取决于这个女人的气度、涵养、胸怀、毅力。气度恢弘、心胸宽阔是自我情绪管理的技巧，它指的是要能够控制自己的情绪，不受制于人，不为环境因素所左右，它是情商的至高境界。其理论基础在于外因通过内因起作用。环境、事件、他人言语等外部刺激构成外因，自己的观点、看法是内因，而自己的情绪、行为表象则是作用的对象。

情绪稳定乐观是心理健康的主要标志，能适度地表达和控制自己的情绪，才能像上航空嫂、全国劳模吴尔愉一样，能够自如地掌控自己的情绪，做情绪的主人。要控制情绪关键在于从多角度去思考问题，善于发现积极的成分，而不是困在思维的独木舟上。善用操之在我的女人懂得不断激励自己进行积极的思维，始终保持轻松、愉悦的心情和健康、开放的心态。

幽默感是智慧的外在表现

女人才华出众，气质高雅，美貌过人……这样的"楷模"让人向往，但不免让人觉得死板和模式化，因为她少了幽默的点缀。没有幽默感的女人，就像鲜花没有香味，形似而神无，可惜了外表，看上去，却总感觉差了点儿什么。所以，做有魅力的女人，就不能不做幽默的女人。有幽默感的女人有花香，意蕴深长。

幽默是女人的思想、常识、智慧和灵感的结晶，幽默风趣的语言风格是女人的内在气质在语言运用中的外化，在社交中也有很重要的作用。

幽默能激起听众的愉悦感，使人轻松、愉快。这样可活跃气氛，沟通双方感情，在笑声中拉近双方的心理距离。幽默风趣可以使矛盾双方从尴尬的困境中解脱出来，打破僵局，使剑拔弩张的紧张气氛得以缓和平息。

幽默感是智慧的外在流露，智慧是可以培养和累积的，所以幽默感也可以自我训练。大致有以下几种训练方法：

1.注意丰富自己的幽默资料。看得多了，听得多了，掌握的幽默资料多了，运用幽默语言的能力自然会得到提高。

2.注意从别人的幽默语言中体会幽默的要领。仅仅是从抽象的概念中学习幽默的要领，往往是不深刻的，只有结合大量的幽默语言实例进行深入体验，才能深刻理解幽默的要领，使自己对幽默语言运用自如。

3.注意从别人的大量幽默语言实例中启发思路。运用幽默语言，要有独特的思维方式，要有借题发挥、创造幽默语境的技巧，而且要求反应敏捷、思路明快，这些从幽默语言实例中都能体验得到。

4.注意从别人的幽默语言实例中学习幽默的语言方式。幽默语言是表达思想的一种特别的语言方式，这也需要从大量的幽默语言实例中去学习、体会和掌握。

5.多找机会应用。实践出真知，幽默语言的修炼也是这样的。从书上学来的幽默语言知识，只有经过自己在实践中练习和运用，才能变成自己的东西。而且，在实践中练习和运用幽默语言，也能加深对幽默的理解，丰富幽默知识，这本身也是一种学习，是书本学习的继续和深化。通过多练习多运用，才能有效提高使用幽默语言的水平。

心态决定你看到了什么

"感时花溅泪，恨别鸟惊心。"这是说情绪和心态对你的影响，花和鸟都是外在的事物，它们并没有变化，而你的感觉却和平时不一样，所以只是你的心态在变。

为什么有些人比其他的人更成功，赚到更多的钱，拥有更好的工作、更好的人际关系、更健康的身体，而许多人忙忙碌碌最终却一事无成？其实，人与人之间并没有多大的区别。但为什么有些人能够获得成功，能够克服万难去建功立业，有些人却不行呢？

这就是人的心态在起作用。一位哲人说："你的心态就是你真正的主人。"可见心态对人的影响非常大。

一个人能否成功，关键在于他的心态。成功人士与失败人士的差别在于：成功人士有积极的心态，用积极的心态来支配自己的人生；而失败人士则习惯于用消极的心态去面对人生。如果过去的种种失败与疑虑引导和支配着一个人，使他空虚、悲观、失望、消极、颓废，那么他最终便会走向失败。

运用积极的心态来支配自己人生的人，拥有积极、奋发、进取、乐观的心态，他们能正确处理在人生中遇到的各种困难、矛盾和问题。而那些运用消极心态来支配自己人生的人，心态悲观、消极、颓废，不敢也不去积极解决人生所面对的各种问题、矛盾和困难，只是一味地退缩。

拥有积极的心态，自己决定自己看到了什么，并且自己决定自己想要什么样的生活。

爱出者爱返，福往者福来

心态决定着女人的成败，人的心态具有操纵人类命运的巨大能力。如果我们在心里制订一个目标，就会为实现这个目标而行动起来；如果我们在心里下达一个指令，潜意识就会认真地去执行这个指令。所以说，一个女人想成功，就可能成功；想着失败，就可能会失败。一个女人期望的多，获得的也多；期望的少，获得的也少。成功总是产生在那些有着成功心理的女人身上，失败根源于那些不自觉地让自己产生失败心理的女人身上。一个女人要想获得幸福也是如此。一个女人假如总想着幸福，那么幸福可能就会环绕在她身边；假如总想着不幸，那么不幸可能真的会降临。

湖州有一个年轻人，他的家乡有一座小小的寺庙，曲径通幽，景色宜人。年轻人虽不信佛，但仍常去那里散步。有一天，年轻人心中郁闷，情绪低落，又到了寺院，想消除内心的烦躁。寺院里香客不断，香烟缭绕。再看一个个香客，脸上写满坦然、安详。年轻人十分不解，莫非佛门真乃净地，能普度众生？年轻人在庭院徘徊，看见一位在树下潜心打坐的佛门禅师。禅师正襟危坐，面露慈祥，一副心纳天下、与世无争之态，让年轻人大为惊叹。于是他上前问候老者，诉说心中的苦恼。

禅师拈须微笑，悠然地对年轻人说："我送你一句话吧。"接着，他一字一顿地说道："爱出者爱返，福往者福来！"

一语惊人，醍醐灌顶，年轻人顿悟！

其实人生就是这样，你播种什么，最后就能收获什么。假如你在心中种下烦恼，你将收获抑郁与烦躁；你在心中播下欢愉与平和，你将收获希望和快乐；你若种下一片爱心，你也将得到爱的回报。正所谓：爱出者爱返。

悲伤——最容易虚张声势的情绪

女人是一种"小题大做"的感性动物，她们多愁善感，读到哀怨的文字会潸然泪下，看到悲惨的剧情会号啕大哭，听到不好的新闻也会泣不成声……一些"微不足道"的事在女人的心里总会被渲染得深刻沉重。女人，总是以自己的方式，无限地放大着悲伤，甚至形成悲观的心态。

任何一种心态都是每个人对生活的不同看法。在现实生活中，每个女人都可能遭受这样或那样的打击和挫折：因为高考落榜而精神萎靡或是因为失恋而忧伤，因为无法适应快节奏的工作而垂头丧气……这些心理多半是意志薄弱、心态不成熟的一种表现。而这些异常的悲观的心理往往导致痛苦的人生，影响她们对世界的正确看法。

过度而长久的悲伤容易让你整个人变得悲观，以自己悲观消极的想法看客观世界，在悲观者心中，现实是或多或少地被丑化了的。社会上许多人，对未来和生活，往往持有一种悲观的迷茫心理。对自己的过去，无论辉煌与否，都一概否定，心里充满了自责与痛苦，口中有说不完的遗憾和悔恨。她们对未来缺乏信心，认为自己一无是处，什么事都干不好，认知上否定自己的优势与能力，无限放大自己的缺陷。她们经常出现失眠多梦、嗜睡懒动的状况，或觉得自己比平时更敏感、更爱掉眼泪等，重者会有消极情绪，时常自怨自艾，或心境悲哀、待人冷漠。

一个女人，不管她经受了多少苦难，一旦信念的阳光照耀在她的身上，她便能获得巨大的力量，这力量推动她去改变生活，拥抱幸福灿烂的人生。

女人，请让心里充满阳光吧，这样，你才是最明媚的可人儿。

让自信心膨胀起来

自信的女人拥有一种"光环效应"，全身散发着独特的吸引力，自信使她看上去神采奕奕，明艳动人。她总是昂着自信的头颅，嘴角常挂着微笑，炯炯有神的双目闪动着光芒。她的举手投足是那样干练而有风度，即使她没有令人惊艳的姿容，却能在人群中卓然挺立，吸引到别人欣赏的目光。

不过，自信也并非是无根基的空中楼阁。我们提倡自信，但并非是无来由地盲目自恋。所以，你必须靠自己的努力为自己找到自信的理由。

我们需要像演员安静（曾获银熊奖）一样为自己的自信找到来由，必须依靠自己的双手为自信的大楼添砖加瓦，然后才能建造起属于自己的自信殿堂，并从中享受华丽而幸福的生活。

当然，建立自信是一个漫长的过程，自信是需要经过一段时间慢慢培养的，所以，从长远来看，我们还要注意以下几点：

1.了解自己，肯定自己的价值

要相信自己的价值，这对每一个人而言，都是一种独特的、没有任何其他东西可以替代或忽略不计的价值。

2.发挥你最大的长处

"天生我材必有用。"有大成就的人知道把精力放在自己最擅长的地方，当精神集中在你能表现得最好的事情上时，你会感到自信心的膨胀。

3.谦虚而不自大

自信并不是自我膨胀，培根说："越少谈及自己伟大的人，我们越会想念他。"有时候，告诉别人自己的错误也是一种谦虚，也唯有自信的人才能坦承错误。

4.去除"但愿""希望""可能"等字眼

这些字眼会助长你的疑虑、恐惧和犹豫，从而腐蚀你的自信。譬如说"我希望事情会好转"，不如想想"我能做什么去改善它"。

5.磨炼就会成熟

信心往往来自充分的准备。明天上午要做重要的业务汇报，成功与否在于你花了多少时间及工夫来搜集资料，你花了多少精力来做评估分析。你还应不时在心中演练当时的气氛，控制自己的声音、语调及手势。

6.从失败中获取经验

接受失败与缺陷。在人生的旅途中，你跌倒过多少次并不重要，重要的是你能不能站起来。每一个人在学会走路之前，一定跌过千百次。而在实际的生活中，在你达到任何目标之前，一定要有失败多次的心理准备。错误不足以致命，错误之所以会产生严重的后果，是因为我们没有从错误中找到改进的方法。

学会一点一滴地培养自信，你就会慢慢感受到自信在你身上发挥的作用。所以不妨每天对着镜子里的自己说："你就是最好的！"

第三节　赢在魅力——修炼你的影响力

做最优秀的人——你不能缺失影响力

《财富》杂志连续6年推选世界知名化妆品公司的总裁钟彬娴为"全美50位最有影响力的商界女性"之一。她的一举一动都透露出智慧，而她的智慧之一就是认识到了自己的优势，并且利用好了这些优势。《财富》杂志说她是最能施展女性影响力的总裁。

女性天生比男性敏感，并具有细致的观察力。女性在情感的表达和感知方面，具有男性无法比拟的优势，女性往往比男性富有情感，直观能力强，有一种天生的感觉力，对事物的观察力更为细致、敏锐和准确，能感受到男性所不能感受到的东西。女性更注重人的自身，关注人的成长、人的交往和人的情感。女性更多的是通过言传身教感化周围的人，我们看到，在解决矛盾、调动同事的工作、建立同级或上下级关系以及奖励和处分等问题上，女性领导的做法更容易被理解和接受。在组织活动方面，女性领导的效果也更好一些。

在钟彬娴的影响下，曾经一度沉寂的雅芳终于复兴了。而她的下属是这样评价自己的上司的："她拥有这样的影响力，每一个员工都愿意为她工作。"

这就是一种非凡的影响力，而这种影响力不是来源于强迫别人接受你的观点，而是潜移默化地让他人为你所用。有人说，影响力本质上是一种控制力。更准确地说，影响力是一种让人乐于接受的控制力。它与权力不同，影响力不是强制性的。它发挥作用是一个很微妙的过程，它以一种潜意识的方式来改变他人的行为、态度和信念。没有人能够抗拒它，因为它来得悄无声息，等你察觉时，早已经被它虏获了。正因为如此，每一个想成功的人，都应该注重影响力的修炼，俗话说："好风凭借力，送我上青云。"影响力就是这样的"好风"，只要善于运用它，成功必定指日可待。

丢失的风度会减损影响力的高度

好的外表形象可以为你的影响力添砖加瓦，但是要打造自己的影响力，你还需要在各个细节上下功夫。有很多事情看起来和书上讲的礼仪、礼貌好像没有太大的关系，似乎是一件不足挂齿的小事，但是，这些并不引人注目的小细节却反映了一个人的修养，没有修养的举止会摧毁生活中的一些快乐，彻底改变人们对你的看法。

有的人的穿戴和外表包装是很得体的，可是他的行为、举止和修养却不能与他好的外表形象呼应。有很多人把形象设计的概念理解为外表包装和视觉感官上的提升，而根本不注重自身内在的修养，这不是形象设计的全部内容。形象设计是简单的，而提高和改善人的内在修养却是复杂的、深刻的、全面的、长期的。个人的修养包含自身文化素质的提高、情操的升华，它还包括对人们心理的理解，对人们行为动机的理解和对基本人性、人格、社会、文化等的理解，以及对此做出的相应的反应。它需要你有能力理解他人的心理反应，预测产生的结果及你的行为可能会产生什么样的后果。有人说："只有琢磨墨香之后，才能成为真正的人。"当你有了风度，你会从平凡中脱颖而出，与此同时，你的影响力也会随之提升。

到底哪些才是有风度的、有修养的举止呢？有风度绝不是矫揉造作，对于很多没有良好的内在修养的人来说，刻意地寻求有风度的举止，确实会显得装腔作势、东施效颦。修养是一种忘我的境界，在这个境界中，你自然、朴实无华的举止会处处流露出高雅。真正良好的修养并不是体现在外表，人们只看见一个有教养的人举止高雅，却没有看到内在的实质。有修养的举止，是利用外在的一举一动来传达我们内心对别人的尊重和影响力的一种方式，它源于对事理、人情的通达。有修养的举止能够影响到我们的外表。修养的培养来自于不断的实践和观察，就像其他的良好习惯一样，要想有这样的影响力，你必须不断地实践。

用工作打造个人品牌

两位刚毕业的大学生去拜访一位职场专家，咨询有关今后工作的问题。比如，如何做好工作，如何尽快获得提升，等等。

职场专家先问甲："你爸爸是做什么工作的？"

甲回答："他是一家企业的经理。"

职场专家又问乙："你毕业以后找到了什么工作？"

乙说："我应聘到某企业做开发工程师。"

说到这里，职场专家问两人："这两种工作有什么相同之处吗？"

两人一时摸不着头脑，乙问："经理的工作和员工的工作，应该差别很大吧？"

职场专家说："其实，他们的工作有一点是相通的，就是凭借人的智慧、精神和毅力，去克服困难，解决那些妨碍我们实现目标的问题，最终人们在解决问题的过程中树立起自己的个人品牌。这就是工作的实质。"

正如职场专家所说，无论你身处何职，工作的实质就是塑造个人品牌。一个人的工作经历，就犹如雕刻个人品牌雕像的过程，美丽还是丑陋，可爱还是可憎，都是由自己一手造成的。而一个人的一举一动，无论是写一封信，出售一件货物，或是一个电话，都在彰显着品牌雕像是美是丑，是可爱还是可憎。

工作是每个职场人士的生存方式，而决定生存好坏的则是你的个人品牌塑造得成功与否。与此同时，个人品牌只有在工作中才能彰显出来。工作是我们立身成事之本。我们懂得工作，就永远有可以付出的资本；我们贪图安逸，就永远有追逐安逸的借口。工作越多，付出越多，收获越大；懒惰越多，收获越小。人生就是由这样一种惯性趋势操纵着，我们用什么样的态度对待工作，这种惯性趋势就会像滚雪球似的，越滚越大。只要我们养成工作的习惯，我们就会拥有越来越多的可供奉献、造福社会的资本。只有工作才能造就卓越的个人品牌，成就你的非凡影响力。

小技巧让别人顺从你的思路

我们说过，影响力在一定程度上就是一种掌控力，有影响力你的观点更易被别人接受，别人也能心甘情愿地顺着你的思路走。要改变他人的想法，让对方按照你的思路来思考问题，这不能靠强制的命令来实现，而需要一些有效的技巧来一步步地影响他们。下面有几种方法值得参考：

1.问封闭式问题

封闭式问题是与开放式问题相对的一类问题，这类问题的答案往往是"是"或"不是"，"有"或"没有"，等等，答案只是有限的几个选择。封闭式问题与开放式问题有不一样的作用，封闭式问题可以用来得到你预先设想的答案。预先设计好的一系列封闭式问题，可以非常有效地引导对方的思路。

2."6+1"法则

在沟通心理学上有一个重要的"6+1"法则，用来说明这样一种现象：一个人在被连续问到6个做肯定回答的问题之后，那么第7个问题他也会习惯性地做肯定回答；而如果前面6个问题都做否定回答，则第7个问题也会习惯性地做否定回答，这是人脑的思维习惯。利用这个法则，你如果需要引导对方的思路，希望对方顺从你的想法，你可以预先设计好6个非常简单、容易让对方点头说"是"的问题，先问这6个问题作为铺垫，最后再问一个最重要和关键的问题，这样对方往往会自然地点头说"是"。

3.目的架构

目的架构式谈话是在一开始就与对方明确这次谈话双方共同的目的，这会很快地将对方的思路引向真正有价值、有利于解决问题的地方。

4.提示引导

提示引导是一种语言模式，用来影响对方的潜意识，使对方不知不觉地转换思路。这种语言模式的基本思路是：先用语言描述对方的身心状态，然后用语言引导对方的思考或生理状态。让对方顺从你的思路，重要的在于引导。改变别人之前，先改变自己的策略去接纳别人，再把对方引向你所希望的地方。这就是影响他人的一种策略。

第四章

做自己的事业，过想过的生活

第一节　入得厨房不如出得厅堂

工作是你最大的靠山

传统观念中，裁衣做饭是女人的事。而这些事情一旦成为一份职业，却似乎又是男性比较拿手了。国家特级厨师、世界著名服装设计师的族群中，还是男性占了更大的比例。

女人似乎在社会中充当了弱者的角色，为什么在这个自由竞争的时代，女人的优势依然得不到充分发挥？要么是因女性把太多时间花在预备生育、养育之中，工作反而成了可有可无的点缀；要么就是女人的惰性在作祟，自我奋斗的意识不够。因此，在以时间决定胜负的事业跑道上，男人超过了女人。

正因为职场上男人说了算，所以男人也掌握了最重要的经济权。而传统女性则把自己的丈夫视作"靠山"，觉得在他的庇护下自己就可以吃穿无忧。但这个社会中，男人并不太可靠，女人最好不要期望可以依靠男人一辈子，自己的事业才是自己最可依靠的。

对于工作，我们不要"做一天和尚撞一天钟"，而应当给自己一个悬崖：想一想，你没有了工作之后会怎样？经济上完全靠父母接济或男友养活，没有了经济权也就没有了发言权。所谓"吃人的嘴软，拿人的手短"，一个经济不能独立的女人什么时候都会矮人三分。可能给你独立权的又只有属于自己的事业。

不怕起点低，就怕没想法

"打工皇后"吴士宏是第一个成为跨国信息产业公司中国区总经理的内地人，是唯一一个取得如此业绩的女性，她的传奇也在于她的起点之低——只有初中文凭和成人高考英语大专文凭。而她的秘诀就是"没有一点儿雄心壮志的人，是肯定成不了什么大事的"。

吴士宏年轻时命途多舛，还曾患过白血病。战胜病魔后她开始珍惜宝贵的时间。她仅仅凭着一台收音机，花了一年半的时间学完了许国璋英语三年的课程，并且在自学了高考英语专科毕业前夕，她以对事业的无比热情和非凡的勇气通过外企服务公司成功应聘到IBM公司，而在此前外企服务公司向IBM推荐过好多人都没有被聘用。她的信念就是："绝不允许别人把我拦在任何门外！"

在IBM工作的最早的日子里，吴士宏扮演的是一个卑微的角色，沏茶倒水，打扫卫生，完全是脑袋以下肢体的劳作。在那样一个先进的工作环境中，由于学历低，她经常被无理非难。吴士宏暗暗发誓："这种日子不会久的，绝不允许别人把我拦在任何门外。"后来，吴士宏又对自己说："有朝一日，我要有能力去管理公司里的任何人。"为此，她每天比别人多花6个小时用于工作和学习。经过艰辛的努力，吴士宏成为同一批聘用者中第一个做业务代表的人。继而，她又成为第一批本土经理，第一个IBM华南区的总经理。

在人才济济的IBM，吴士宏算得上是起点最低的员工，但她十分"敢"想，想要"管理别人"。而一个女人一旦拥有了进取心，即使是最微弱的进取心，也会像一颗种子，经过培育和扶植，它就会茁壮成长，开花结果。

上帝在所有生灵的耳边低语："努力向前。"如果你发现自己在拒绝这种来自内心的召唤，这种催你奋进的声音，那你可要引起注意了。当这个来自内心、催你上进的声音回响在你耳边时，一定要注意聆听它，它是你最好的朋友，将指引你走向光明和快乐，将指引你到达成功的彼岸。

幸福女人就要家庭与事业双赢

有一个政坛女杰，连续三届出任本国首相，经过她12年的精心治理，她的国家各方面都有所改观。这个女人在政治上相当强硬，让很多对手都对她心存畏惧。

在家庭里面，她又摇身变作最温柔的母亲和妻子。家人知道她的身份限制，从来不对她提出特别的要求，但她总是想尽办法抽出时间，为家人做上丰盛的饭菜。当媒体问及她的家人时，他们都回答："在家里，她只是一个普通的妻子（母亲），我们的家庭跟别的家庭没有不同。"

这个政坛女杰就是人称"铁娘子"的英国前首相——撒切尔夫人。

撒切尔夫人就是事业与家庭双赢的典范，她的秘诀就是，在不同的场合有不同的身份，绝对不把工作带到家庭之中，而在工作中也不会为个人私事而分心。

放弃事业或家庭中的任何一个都是不大现实的。试想一下，如果没有事业，整个家庭就没有经济来源，就无法担负起家的责任；而脱离了家庭，事业再好，也就无法感受到家的温馨和幸福。现代社会竞争激烈，工作压力大，一个人可以把工作放在第一位，但是，不要把工作带回家。试想一下，一个在家庭中依然保持工作状态的人，如何能够融入家的氛围中？如何能让与你生活的家人感受到你的体贴与慈爱？家庭如何才能产生所需要的温馨呢？长此以往，家就不是家了。而因为家庭体系的破坏，很难保证你在事业上能够全身心地投入，这也会对工作造成不良影响。

女人没有理由为了家庭而放弃自己的事业，也没有理由为了事业而放弃家庭，两者能统一是最好的。我们要做家庭的好园丁，营造温馨的亲情氛围。孝敬老人、关爱丈夫、教育子女是每个女性应尽的责任。而事业是女人保持真本色的最好途径，家庭固然十分重要，但它绝对不是我们生活的全部。因为这是一个竞争的社会，没有竞争力就没有生存的空间。幸福的生活要靠夫妻二人共同去创造，只要问心无愧、尽心尽力地去做事，对家庭尽职尽责，自己的人生路就已经成功了一半。

自我推销——酒香也怕巷子深

这个世界和时代，真正的天才极少，真正的愚人也很少。比我们聪明的人只有5%，而比我们愚蠢的人，也只有5%。也就是说，大部分人资质相当，既然这样，我们又能靠什么理由去说服买家，证明自己比别人有更高的身价，更值得他选择呢？

随着生产力和教育水平的极大提高，人才资源极大丰富，我们每一个人都已经处在一个买方市场内。在这样一个买方市场里，要想把自己推销出去，必须让别人注意自己，了解自己。"桃李不言，下自成蹊"早已是古老的传说，"酒香不怕巷子深"的老经验也已不灵验，纵然我们是"皇帝的女儿"，要想嫁出去，也免不了要走出深宫里的闺房，主动推销自己。

茅台酒是我国享誉世界的美酒品牌，但在当初推向世界时却有一些有意思的故事。

1915年的巴拿马万国博览会上，我国的贵州茅台酒也参展了。由于包装简陋，再加上当时中国的国际地位极低，美酒茅台备受冷遇，眼看就要无功而返。

情急之中，中国的参展人员在展览大厅里故作失手，将一瓶上好的茅台酒掉在地上。随着酒瓶怦然碎裂，酒香也散溢出来，引来一群外商的叫好声。这一奇招征服了外商，也征服了巴拿马万国博览会，茅台酒荣获了大奖，从此走向了国际市场。

茅台酒的美名在国内是人尽皆知的，这证明它是有品质的。可是如果不是中国参展人员通过绝妙手法展示出来，恐怕它的香醇是没法让外国人知道的。人也一样，如果不懂自我推销的艺术，再有能力的人才，也可能被人忽视。

戴尔·卡耐基说："一个人若想获得成功，必须善于推销自己。"推销自己是一种才华，一门艺术。有了这项才华，你基本上不用为生计发愁了，因为当你学会了推销自己，你已可推销任何值得拥有的东西。

所以，高能力和高品质只是在通向成功的道路上走了一半，更为重要的是还要更巧妙地展示自己的成绩。

怀才不遇的人要先检讨自己

一个雨天，一位老妇人走进一家百货公司漫无目的地闲逛，很显然不打算买东西。大多数售货员都没有搭理这位老妇人，而一位年轻的店员则主动向她打招呼，很有礼貌地问她是否有需要服务的地方。老妇人说，她只是进来避避雨，并不打算买东西。这位年轻人安慰她说，没关系，即使如此，她也是受欢迎的，并且主动和她聊天。当她离开时，年轻人还送她出门，替她把伞撑开。这位老太太向这位年轻人要了一张名片就走了。

后来，年轻人完全忘了这件事。但有一天，他突然被公司老板叫到办公室，老板向他出示了一封信，是那位老太太写来的，要求这家百货公司派一名销售员前往苏格兰，代表该公司接下一宗大生意。老太太特别指定这位年轻人接受这项工作。原来，这位老太太就是美国钢铁大王安德鲁·卡耐基的母亲。这位年轻人由于他的敬业和待人热忱，获得了这个极佳的工作机会。

可能其他的店员会不满：大家都是一样的身份，上帝为什么格外垂青他？而实际上，生活的基本原则都包含在最普通的日常生活经验中，同样，真正的机会也经常藏匿在看来并不重要的生活琐事中。问问你所遇见的任何10个人，为什么不能在他们所从事的行业中获得更大的成就，当中至少有9个人会告诉你，他们并未获得好机会。但事实上，不是没有好机会，只是他们没抓住。年轻店员和其他人一样不知道这是个机会，但他还是用同样的工作热忱去做事，于是他成功了。所以，我们不能忽视任何一个细节。

第二节　职场俏佳人这样做

不能要求公司适应你

一家成熟的公司总有它运作的特定方式，有经过日积月累而形成的特有气质和个性，那便是公司的文化。这种模式是经过多番运作而确定的，一般来说，这也是最适合这个公司的风格。而很多思想前卫的女性刚刚走上职场时可能会很不适应公司的氛围。她们或者觉得公司太死板，或者觉得太沉闷，总之有这样或者那样的要求和不满。

假如我们想在一家企业里待下去，并有一个好的发展前景，就不仅要对该企业文化中限制员工做什么有清楚、准确的了解，对企业文化里倡导做什么也应该有一个清醒的认识，甚至我们还可从深层次去认识公司形成这样的文化的原因。如此，会为我们在企业中寻求适合个人发展的行为模式打下基础。

如果你发现公司的文化确实有漏洞，可以友善地向上级反映，并提出合理的处理意见，这样不仅可以得到上司的赏识，而且对你融入这个公司的环境也有帮助。切不可用自己的行动去触碰公司文化的规定，那样只会像飞蛾扑火，倒霉的还是自己。

国有国法，家有家规，每个公司都有着自己独特的企业文化和规章制度，如果你遵循的话，也许觉不出它的威力；而一旦触及，你立刻就会感觉到它强大的威慑力。在此告诫职场女性，尤其是新人：不要因为一时冲动，无视公司文化和规章制度，那样只会使你显得莽撞而不知轻重，给自己带来麻烦。

把找借口的时间省下来

我们每天都浪费大把时间寻找借口。比如上班迟到了，我们会向上司提出各种理由，"生病了""堵车了"等，然后费尽心思地想让他相信。其实，如果你能把这些时间省下来多完成一项工作任务，那么你简单地告诉上司"睡过头了"，他也不会怎么生气，因为你照样完成了自己的工作。

或者你做某项工作失败的时候也会不停地抱怨，比如"同事不合作""时间太紧迫"等，但是"要成功，就不要给自己寻找借口"，也不要抱怨外在的条件，当我们抱怨的时候，实际上是在为自己找借口。而找借口的唯一好处就是安慰自己：我做不到是可以原谅的。但这种安慰是有害的，它暗示自己：我克服不了这个客观条件造成的困难。在这种心理暗示的引导下，你就不再去思考克服困难、完成任务的方法，哪怕是只要改变一下角度就可以轻易达到目的。

不寻找借口，就是永不放弃；不寻找借口，就是锐意进取……要成功，就要保持一颗积极、绝不轻易放弃的心，尽量发掘出周围人或事物最好的一面，从中寻求正面的看法，让自己能有向前走的力量。即使最终失败了，也能吸取教训，把失败视为通向目标的踏脚石。所以，千万不要找借口，不要让借口成为我们成功路上的绊脚石。要把寻找借口的时间和精力用到工作中，成功属于那些不寻找借口的人！

当自己犯了错误，甚至自己毫无过错，而上司、同人、家人、朋友、客户都抱怨的时候，不要去争辩，应当用心倾听，认真去反思为什么会出现这样那样的情况，反求诸己，有则改之，无则加勉。

一旦养成了找借口的习惯，你的工作就会没有效率。抛弃找借口的习惯，你就不会为工作中出现的问题而沮丧，甚至可以在工作中学会大量解决问题的技巧，这样借口就会离你越来越远，而成功将离你越来越近。

考虑清楚再跳槽

跳槽在现在已经是司空见惯的行为，很多由于各种原因对工作不满的人选择这种方式寻找合适的舞台。跳得好的，从此顺风顺水；跳得坏的，跌入低谷难以翻身。一跳之间，也暗藏玄机。

当我们决定要跳槽时，一定要先衡量得失。只有跳槽能给你带来事业上的更大进步时，你这个槽才值得一跳，并且这种利益应该有一定的证据来支持。梅沙之所以跳槽失败，就是因为她被对方的空头支票迷惑了，在完全还不知道对方底细的情况下就贸然下了决定。要避免重蹈她的覆辙，我们在跳槽前一定要多考虑一下。

其实，每个单位都会针对员工的跳槽申请做出两种选择：默许或挽留。相对来说，员工也会做出两种选择：跳槽或留任。实际上，在对待跳槽问题上，单位和员工都会基于自身的利益讨价还价，最后做出对自己有利的选择。实质上这一过程是单位和员工的博弈过程，无论员工最后是否跳槽，都是这一博弈的纳什均衡。

对于员工来说，跳槽也存在择业成本和风险。新单位是否有发展前景，到新单位后有没有足够的发展空间，新单位增长的薪酬部分是否会弥补原来的同事情缘，在跳槽之前，员工必须考虑到这些因素。这只是员工一次跳槽的博弈，从一生来看，一个人要换多家单位，尤其是年轻人跳槽更为频繁。将一个员工一生中多次分散的跳槽博弈组合在一起，就构成了多阶段持续的跳槽博弈。

但是，这些风险并不意味着我们就一定要在一个看不到希望的地方耗尽心力。大多数年轻女性，尤其是刚就业的女性，还没有确定自己的职业方向，她们中的一些也不知道自己究竟适合做什么。这种时候适当跳槽，积累一些经验也是很重要的。但跳槽不可过于频繁，因为你的这些经历也将呈现在你日后的老板面前，频繁跳槽也可能让对方怀疑你的忠诚度。

工作中没有"女士优先"

我们在社交规则中总会经常提起"女士优先"，女性享有各种优厚的权利，并且大家也认可这些对女性的优待措施，但是在职场上女性却难以受到这些照顾。工作中，大家不会"怜香惜玉"，因为你是女性就降低对你的要求，给你大开方便之门。职场中是没有性别可言的，一切都靠你的实力说话。

莉莉是一个非常漂亮的女人，在上大学期间被众多男生追求。步入职场后她也希望优势的外表能给她带来更多好处，所以她每天打扮得花枝招展，甚至以暴露的服装来凸显她的女性优势。结果有很多客户不买她的账，甚至找她的上司投诉，认为她不够庄重，难以让人信任。面对上司的责备，莉莉说："有吸引力的外表能够帮助我提升业绩，这有什么错？"上司望着她不满地说："可惜你用错了地方。"

现在的明星圈开始盛行"中性风潮"，帅气潇洒的女生和漂亮可爱的男生最受追捧。而放到职场中，这股"中性风"依旧不减。一项职场调查显示：有78%的经理人认可"职场中性女"，也就是不刻意凸显女性特征的员工。这说明在职场中，老板看中的是业绩和能力，而非性别。如果你妄图只依靠女性特征去征战职场，你很可能会空手而归。

第五章

做通透的女人，用智慧掌控交际

第一节　积攒人脉，女人会活得更精彩

做个人气女人

现在形容某个明星拥有数量众多的"粉丝"，总会说他颇有"人气"。人气就是人缘，一个高人气的女人可以在交际舞台上长袖善舞。在这个世界上，无论你是否愿意，你都必须同人打交道。

好人缘是做人最宝贵的财富。有道是：遇一知己，人生足矣。得人心者，天必助之。自古以来，得道多助，失道寡助。可见，人缘与人生、人缘与事业是密不可分的。

敬一丹是一位非常有人缘的电视主持人，大家都欣赏她温文尔雅的气质。她为人平和善良，即使是批评性的报道也总用善良的口吻，采访时总避免提一些尖锐的问题。她乐于助人，遇到别人求助，她总会不动声色悄悄把事办好，把结果告诉人

家，然后就聊起其他话题，让人家连感谢的话也没有机会说。至于办事过程中遇到的困难，花费的心力她却只字不提。在电视台里，敬一丹是大家的大姐。不仅因为她年龄比较大，也因为她人缘很好，令大家尊敬。和谐的同事关系让她的工作进行得更加顺利。

一个人事业的成功，80％来自于与别人相处，20％才是来自于自己的专业技能。人是群居动物，人的成功与失败来自于他所处的人群及所在的社会，只有在这个社会中游刃有余，才可为事业的成功开拓宽广的道路。如果没有一定的交际能力，就免不了处处碰壁。

做个高人气的女人吧。在家庭里，向亲人倾吐自己的欢乐和忧伤，也及时送上自己的温情与慰藉；在职场里，和同事们亲切地交谈，精诚合作，也为别人的成功献上自己最真诚的祝福；在上下班的路上，向熟人热情问候，和同伴海阔天空，也不要吝惜对陌生人问一声好。时时刻刻都要把与他人联系当作一种极大的快乐。

孤单让你落寞，社交还你精彩

德国著名哲学家叔本华曾说过："人的社交，根本不是本能。也就是说，并不是爱社交，而是怕孤独。"而女性恐怕是最害怕孤独的动物了，在纷繁的世界里，女性是如此渴望朋友、事业和爱情，如此期盼理解、认可和尊重。社交是女人获得心理平衡的重要方法。社交给了女人一片辽阔的展现自我的天空，女人也因为参与社交而变得更加聪明和豁达。

学会社交，在人群中精彩，你还应该了解以下这些原则：

1.确立明确的目标

一定要为你的人脉系统确定一个关键的目标，不能漫无目的地到处寻找。你的目标定得越具体，你的关系网就越容易被联结起来。

2.让他人知晓你的愿望

不管你是在找一份新工作还是一台便宜的电脑，将你的愿望告诉你所有碰巧遇到的人，通过自己的口头广告肯定会让你受益匪浅。

3.注意收集信息

在与人交谈时，仔细而且积极地倾听，并且通过提问，还可以让谈话朝着你希望的方向发展。为了你事业的发展，应该收集一些联系方式和值得了解的信息。

当你真正在社交中体会到乐趣时，你就会发现，无论是生活还是事业，都仿佛翻开了崭新的一页，并且充满美好的希望。

别忘了和你的贵人多联系

当我们积攒了大量的人脉资源以后，就像开设了自己的人脉银行，把你的贵人都归入其中。与贵人之间的交往，就像存钱一样，平时储蓄一点一滴，过了几年之后就有一笔钱了。与贵人之间的关系同样需要维护和经营，平时互相不来往，相当于不存钱；有事才想到找朋友帮忙，相当于从存折中取钱，只取不存，存折迟早会空。以这种方式和贵人相处，贵人资源最终会枯竭。

银行业是非常注重资历和经验的，所以，在银行中担任要职的往往是老成持重的人物。但一个年轻人只用了不到10年的时间就登上了"金字塔尖"，他的成功经历引起了很多人的兴趣。年轻的银行家向朋友解释道："除了努力，真正的秘诀是，我选择了一位良师。"

银行家说："在我大学快毕业时，有一位退休的银行家到班上做演讲。他当时已经70多岁了。他的临别赠言是：'如果你们有什么需要我帮忙的地方，尽管打电话给我。'听起来好像他只是客套一番，但我需要他给我一些建议，告诉我在我想步入银行业时该走哪一步才是正确的。可我又很怕碰钉子，因为我只不过是个即将毕业的大学生而已。但最后，我还是鼓起勇气打电话给他。结果他非常友善，甚至邀请我与他见面谈谈。我去了，得到许多意见满载而归。他甚至提议：'如果你需要我的话，我可以当你的指导老师。'"

"我的指导老师后来和我有着非常良好的关系。"银行家继续说，"我每周打电话给他，而且每个月至少一起吃一顿午餐。他从来没有出面帮我解决问题，不过他使我了解到要解决银行的问题有哪些不同的方法。而且有趣的是，我的指导老师还衷心地感谢我，我们的交往使他的思想保持年轻。"

年轻人与老银行家保持着联系，他获得了比其他同学更多的经验和机会，所以最后他成功了。而老银行家也从和他的交流中获得了益处，他们成了真正的忘年交。所以，与你的贵人常联系，并不一定就是你要向他索取什么；与他们的每一次来往也并不一定要以利益来估价，而是出于感情交流的目的，一点点地累积，其实也就是不断地为你的人脉关系添加润滑剂，使你的人脉关系更柔韧。

在五个交际圈中翩翩起舞

人海茫茫，要寻找和发掘有限的交际资源，你应从何处着手呢？你可以把每日接触的人划分为几个部分，找出每一个部分的特点，如果能找到这些特点的规律，并且能找出一个共同处理的法则，那么你定会成为交际能手。许多人一生逃不出5个交际圈，都会在5个领域里生活。

1.血缘及家庭交际圈

在5个交际圈中，血缘及家庭交际圈是最重要的一个交际圈。在这里面，有夫妻之间的关系、兄妹之间的关系、父子之间的关系、母女之间的关系、亲戚之间的关系等。在血缘交际圈中，人际关系非常重要，夫妻之间的相爱，兄弟姐妹之间和谐的往来，父母子女之间和睦的相处，都可以对你的事业和人生起到积极的促进作用。

2.组织交际圈

不管你是为国有企业服务，为私营企业服务，为三资企业服务，还是在政府机构、事业单位工作，在这种正式群体或组织中的交往范畴叫作组织交际圈。这个交际圈在5个交际圈中是最最重要的交际圈。

同事之间的关系，上下级之间的关系，推销员与客户之间的关系都是组织交际圈的组成部分。在组织交际圈中能和谐友好地相处，可以给你提供一个有利于工作的人事环境。而你能否得到他们的信任，则取决于你能否在这个交际圈中与他们建立良好的人际关系，以及你们之间的交往是否顺利有效。

3.地缘交际圈

人们由于空间、地理位置的邻近所形成的交往范围叫作地缘交际圈。在这里面，有邻里关系、社区关系、乡里关系，虽然我们现在住的是用钢筋水泥隔开的房子，即便这样，仍免不了由于空间距离的邻近，而跟一些人发生交往。如果处理不好关系，会影响正常生活；如果处理得当，会带来很多方便。所以，搞好邻里关系对我们来说就显得特别重要。

4.舆论交际圈

在你与大众交往中，你的形象往往是通过公众的评价和舆论形成的，有关这一整体形象的舆论传播就构成了舆论交际圈。

在传媒业日益发达的今天，这个交际圈变得异常重要。你也许会去评价一个不认识的人，虽然跟这个人没有见过面，也不认识，但通过别的媒体听说过他。同时，你也可能被一个没见过，却听说过你的人评价和关注。

5.业余交际圈

工作之余基于共同的兴趣、共同的爱好而组成的这种非正式群体交往范畴叫作业余交际圈。多种形式的沙龙、俱乐部、私下交往等就是这种非正式群体交往的有效方式。

现实生活中，我们被众多爱我们的人、恨我们的人，以及素昧平生的人包围着，他们形成一个强大的网络把我们紧紧地罩住。有时我们可以理清脉络，有时我们却被这个网络紧紧束缚，无端生出许多烦恼。可令人嫉妒的是，生活中却有许多人少有这些烦恼，他们可以圆滑而得体地处世，潇洒而自然地生活。这是为什么呢？秘诀就在于：他们用好了5个交际圈。

第二节　女人应该懂的交往手段

费口舌不如听人说

女人希望通过不停地说话来引起别人的注意，并且让自己成为社交圈中的活跃分子，获得好人缘。但其实多费口舌还不如学会去倾听。要使别人对你感兴趣，那就先对别人感兴趣。倾听别人说话是与人有效沟通的第一个技巧。众所周知，最成功的处世高手，通常也是最佳的倾听者。倾听是对别人的尊重和关注，也是每一个人自幼学会的与别人沟通的一个组成部分，它在日常的人际交往中具有非常重要的作用。

如何才能学会倾听呢？你应该保持良好的精神状态。良好的精神状态是倾听的重要前提，如果沟通的一方萎靡不振，是不会取得良好的倾听效果的，它只能使沟通质量大打折扣。聆听也不是完全沉默到底，期间应该适时适度地提问。它能够给讲话者以鼓励，有助于双方的相互沟通。在对方讲话过程中要有耐心，切忌随便打断别人讲话。

除了这些聆听的建议，你也可以创造新的聆听方式。这些聆听方式可能会对你的沟通起到极为有益的作用。

有一位小学教师在班上做了一次学生家长的上网情况调查，发现2/3的学生家长都可以在家或者单位上网，于是，她就想到了博客，把学生在校的活动情况都写到她的博客上，并且希望家长如果有什么意见和想法都通过博客告诉她。

这种新颖的沟通方式，是学生家长非常欢迎的。家长以前和老师沟通只能打电话，有时还怕耽误老师的休息时间，学校组织的家长会等虽然能起到见面沟通的作用，但毕竟次数非常有限。现在通过博客，家长把孩子的信息和自己的要求都告诉了老师。老师不用花更多的时间就可以更全面地了解她的学生，同时制订相应的教学计划。

这个老师通过博客的方式广泛聆听了家长的意见，在聆听中得到了许多有益于她工作的信息。同时，她的做法也增进了与家长、学生之间的感情。这种新的方式让聆听和表达都变得容易起来。

女人的伶牙俐齿仿佛是天生的，而希望获得更和谐的人际关系，女人还必须学会聆听。

给别人留余地就是给自己留余地

在就业极其困难的情况下，一位女孩儿好不容易找到了一份在高级珠宝店当售货员的工作，女孩儿分外珍惜。一天，她整理戒指时，瞥见那边柜台前站着一个男人，他几乎就是这不幸年代的贫民缩影：一脸的悲伤、愤怒、惶惑，剪裁得体的法兰绒服装已经破烂不堪，似乎在诉说着主人的遭遇；他用一种企盼而绝望的眼神，盯着那些宝石。

　　女孩儿的心中因同情而涌起一股莫名的悲伤。这时，电话铃响了，女孩儿急忙去接电话，当她急急忙忙跑出来时，衣袖碰落了一个碟子，6枚精美无比的钻石戒指滚落到地上。女孩儿慌忙四处寻找，捡起了其中的5枚，而第6枚却怎么也找不到。她突然瞥见刚刚那名男子正向出口走去。当男子的手将要触及门把时，女孩儿柔声叫住了他："对不起，先生！"那男子转过身来，"什么事？"他问，脸上的肌肉在抽搐。

　　女孩儿能感觉得出来他进店原本不是想偷什么，她深知在这个社会上生存有多么艰辛：一些人在购买奢侈品，而他却食不果腹。"先生，这是我的第一份工作，现在找个事做很难，不是吗？"女孩儿神色黯然地说。男子久久地注视着她，终于，一丝柔和的微笑浮现在他的脸上。他回答："但是我能肯定，你一定会干好这份工作。"停了一下，他向前一步，把手伸给她："我可以为你祝福吗？"女孩儿也立刻伸出手，两只手紧紧地握在一起。她用低低的但十分柔和的声音说："也祝你好运！"

　　男子转过身，慢慢走了出去。女孩儿目送他的身影渐渐远去，转身来到柜台，把手中握着的第6枚戒指放回原处。

　　给别人留余地，就不要过分夸大对方的错误，只有心胸宽广才能容忍对方的错误。而如果你还没有宽广的心胸，那就请保持头脑清醒。记住，给别人余地就是给自己留余地。

分享——为了在需要时得到

很多人吝啬分享，害怕别人得利，自己便会失利。其实你选择了分享，就为自己又增加了一份人情。无论是机会、利益还是其他各种人们都想得到的东西，你越吝啬，觊觎的人反而会越多，适当地分享既能保证你的利益，其他得利的人也会对你更加忠诚，而一旦你有需要时，你便能从他们那里得到更多。

吝啬是一种极端自私的表现。任何人都有自私的一面，不为自己打算的人很少，然而在人际交往中，要做到公私兼顾并不困难。所谓礼尚往来，来而不往非礼也。人敬你一分，你回敬三分，这当然好，回敬一分，也不为过。如果总想让人敬你，而你不回敬别人，这就会得到"吝啬"的评价。吝啬的价值观是很明确的，尤其是对金钱、财富的一毛不拔。有的吝啬者往往很会算计，自己总是尽可能少付出、多获得。吝啬的毛病在女人的身上表现得非常严重。

我们在社会中，就是社会性动物，没有谁能够独立生活。人与人之间少不了交往，我们也总有用到别人帮忙的时候。所以，不要吝啬分享你的东西，有时只是一杯小小的可乐，都可以让你拥有一个朋友。

分享并不是多么伟大的情操。自私一点儿说，分享是为了在我们需要时得到，给自己一个好人缘和和睦的生活及工作环境。

所以，女人的目光不要太短浅，心胸不要太狭窄，学会分享，这其实是一项大智若愚的"长远投资"，有利于提升我们的形象，有利于改善我们的生存环境，有利于我们在这个人情味十足的社会中立足并发展。

有心人能准确记住别人的名字

见到这个命题，很多女人会立刻有不屑的表情。

"记别人名字有什么意思？"

"我太忙了，没时间记住别人的名字。"

"我不行，我记忆力不好。"

如果你总是这样抱怨，那么你在人际方面不会获得大的成功。许多成功人士都有记住别人名字的惊人能力，他们总是挤出时间来记住别人的名字。

美国的吉姆法利从来没有进过一所中学，但是他在46岁之前，已经有4所学院授予他荣誉学位，并且成了民主党全国委员会的主席、美国邮政总局局长。他成功的秘诀在哪里呢？原来，他把别人的名字存入了自己的感情账户。

有人去访问他，向他请教："据说你可以记住1万个人的名字。"

"不，你弄错了，"他说，"我能叫出5万个人的名字。我在为一家石膏公司推销产品的时候，学会了一套记住别人名字的方法。"

他说这是一个极其简单的方法。他每新认识一个人，就问清楚这个人的全名、家里的人口，以及做什么工作、住在哪里。他把这些牢牢地记在脑海里。即使一年以后，他还是能够拍拍别人的肩膀，询问他太太和孩子的情况。难怪有这么多拥护他的人！

或许这就是吉姆法利成为邮政局局长的奥秘之一。他洞悉了人们的心理：对自己的名字是如此关注。

有"心机"的人对于只见过一次面的人，即使时间再短，也往往还能记住对方的姓名，有的甚至在事隔几年之后，偶然在街上碰到，还可以叫出对方的名字，令对方感动不已。如果你想在自己的感情账户上添加一笔资金，你就要在记住他人名字上下些功夫。

调换身份，站在对方的立场上思考

在美国的一次经济大萧条中，90%的中小企业都倒闭了，一个名叫杰拉德的人开的齿轮厂的订单也是一落千丈。杰拉德为人宽厚善良，慷慨体贴，交了许多朋友，并与客户都保持着良好的关系。在这举步维艰的时刻，杰拉德想要找那些朋友、老客户出出主意、帮帮忙，于是就写了很多信。可是，等信写好后他才发现：自己连买邮票的钱都没有了！

这同时也提醒了杰拉德：自己没钱买邮票，别人的日子也好不到哪里去，怎么会舍得花钱买邮票给自己回信呢？可如果没有回信，谁又能帮助自己呢？

于是，杰拉德把家里能卖的东西都卖了，用一部分钱买了一大堆邮票，开始向外寄信，还在每封信里附上2美元，作为回信的邮票钱，希望大家给予指导。他的朋友和客户收到信后，都大吃一惊，因为2美元远远超过了一张邮票的价钱。每个人都被感动了，他们回想起了杰拉德平日的种种好处和善举。

不久，杰拉德就收到了订单，还有朋友来信说想要给他投资，一起做点什么。杰拉德的生意很快有了起色。在这次经济大萧条中，他是为数不多站住脚而且有所成的企业家。

时常有些人抱怨自己不被他人理解，其实，换个角度可能别人也有同样的感受。当我们希望获得他人的理解，想到"他怎么就不能站在我的角度想一想"时，我们也可以尝试自己先主动站在对方的角度思考，也许会得到一种意想不到的答案，许多矛盾、误会等也会迎刃而解。

第六章

把爱情和婚姻雕琢成你想要的样子

第一节　婚姻城堡的地基是现实生活

干得好更要嫁得好

关于干得好与嫁得好哪个更重要的讨论一直在进行。一些有传统观念的人认为，女人干得好不如嫁得好，找一个好老公才是最重要的人生大事。而现在也有一些女性单身贵族认为，有自己的事业才是最重要的，老公可有可无。但是调查这两类女性，两类群体中大部分都对生活的满意度不高。

其实，婚姻从来不是女人的"保险单"，女人首先要干得好才能获得生活真正的保障。女人干得好又嫁得好才会好上加好，如果轻率地对待婚姻，不仅不能给生活带来任何便利，反而容易将女人拖入"万劫不复"的深渊。

20岁之前陪伴我们的是父母，是他们陪我们走过童年与少年，是他们把我们送到了青春时代。20岁以后直到我们走向生命的终点，陪伴我们的就将是另外一个人，这个人就是我们的另一半。女人即使再有能力，如果没有一个幸福的家庭，没有一个懂她、疼她、体谅她的老公，也难以获得心境上的幸福感。试想，如果一个女人回到家，看到的是自己老公一副冷淡的面孔，向他诉说自己的苦衷，他却不能体谅，女人的心情会是怎么样的呢？反之，如果有一个特别懂她的老公，无论遇到什么困难都会得到老公的鼓励，那对于女人来说会是多么大的安慰。无论在外面遇到什么委屈与困难，心中想想还有自己老公的支持，那还有什么不能面对呢？

拿出面包，爱情才不至于饥肠辘辘

爱情是美好的，爱情是浪漫的，爱情也是纯洁的。然而，你的爱情之花并没有开在童话里，而是在现实的烟尘中，当爱情与面包难以两全时，你该如何抉择呢？

每个女人都期盼能和生命中的另一半演绎一场轰轰烈烈的爱情，然后在漫长的生活中另一半能成为读懂自己的知己。生活久了，你就明白，在这个世界上，能找个心心相印的异性不容易，找个能与你演绎一辈子浪漫的异性更是难上加难。

人们崇尚爱情，世俗却轻薄爱情。只要爱情的男人，最看不起重视面包的女人；渴望爱情的女人，最讨厌身上沾满面包味的男人。有人说，现在因为不用担心没有面包，所以追求纯真的爱情，等到有一天自己想找面包吃的时候，爱情就不重要了。

只要爱情的女人是理想主义者，为了爱情她们可以放弃一切。我们不能说她们无知，不能说她们幼稚，她们只是在追求心中的完美世界。选择面包的女人是现实主义者，她们把经济基础放在第一位。我们不能说她们势利，不能说她们冷漠，她们只是无可奈何。

生命中，爱情很重要，但不是唯一。爱情只是生命绿树上斜伸出的一根枝条，它有理由成为生长得最茂盛、开放得最美好的一个生命，但是，它并不是生命本身，为了爱情并不意味着你有理由放弃生命中的其他要务。

其实，又何必把面包看得那样俗气？爱情本身带有很多附加值，面包不过是其中的一个，诸如此类的还有很多，例如身高、相貌、年龄、人品、学识……爱情不是一个存活在真空里的东西，它实实在在，它需要有面包的支撑，营养充足才能长久。选择面包并不可耻，而是务实，女人要坦然面对这个事实。因为女人只有务实了，才懂得怎样开始生活。没有爱情的人生是荒凉的，没有面包的人生是死寂的，那就找个相爱的人共同创造面包吧。

不要想着改变他

张爱玲与胡兰成的爱情悲歌，至今仍令人唏嘘不已。张爱玲与胡兰成相识时，胡兰成是有妻室的，并且胡的花心早已尽人皆知。但张爱玲却对这一切都不以为然，只觉得爱是自己的，其余的都是别人的，无须考虑，并且觉得可以用自己的真心和才情感动胡兰成。

婚后不到两年，胡兰成在武汉又娶了护士周训德，还在温州与范秀美有了情事。张爱玲去温州看胡兰成，胡兰成不喜反怒，还说："夫妻患难相从，千里迢迢特意来看我，此是世人之事，爱玲也这样，我只觉不宜。"胡兰成将张爱玲安排在火车站旁边的一个小旅馆里，白天陪她，晚上陪范秀美。尽管胡兰成没有告诉张爱玲自己与范秀美的关系，然而聪明的她，怎能不知，于是她黯然离去。

经过长达一年半的考虑，张爱玲写信给胡兰成，提出离婚。"你不要来寻我，即或写信来，我亦是不看的了。"后来胡兰成曾写信给张爱玲的好友，流露挽留之意，张爱玲也没有回信。这段婚姻最终以暗淡的结局收尾。

聪明的张爱玲，亦会在爱情中迷失，亦会遭遇旷世浪子，亦会伤心萎谢，实在令人叹息。女人应该睁开双眼，理智地对待恋爱，跟着感觉走只会在甜腻的爱情中越走越远，迷失自我。想要改变一个男人的本性实在是一件太费心力的事情，如果不希望自己的生活陷入痛苦，就最好不要抱着这个想法与他交往。

婚姻玩不起机会主义

在离婚率暴涨的今天，很多离婚的人在当初走上红地毯时绝对想不到会有今天的结局。为什么看似完美的婚姻会有如此惨淡的结局？大家最常说的是"遇人不淑，所托非人"，那么为什么不在开启婚姻之门的时候就理智一些呢？须知，婚姻不是机会的产物，许多人虽然对美好生活充满向往，但他们步入婚姻殿堂时，还是个婚姻的文盲。幸福婚姻与草率成事、冲动枉为毫无瓜葛，它就像一幅完美的画卷，在完工前必须精心构思，巧妙设计。

机会主义婚姻只会成为爱情的粉碎机。在情火炽烈之时，不假思索便做出结婚的决定，这份爱情的生命力便很值得怀疑。时光、人事变迁，情浅爱尽，这其实也正是离婚率越来越高的罪魁祸首。机会主义婚姻只会成为女性的囚笼。家是两个人的宫殿，但它的琐碎湮没了女人。它通过一些细小的事件让女人感受到一种虚无的存在。

婚姻绝非儿戏，女人对婚姻通常有这样的期许：首先，是一个温柔体贴的伴侣，他一定有着易于亲近、善良细腻的个性；其次，有能相互沟通的乐趣，至少两人的教育背景、社会地位等不能相差甚远；再次，两人在一起要有一种被肯定和尊重的感觉，能够令女人产生这种感觉的男人不可能是沙文主义者；最后，婚姻应是一座温馨的家庭港湾，这取决于双方对婚姻关系的奉献和经营程度。

女人应当为目前的恋人绘出一张"素描"。观察他对事业的态度，看他是否有足够的抱负，是否经得起失败，是否有责任感；观察他对生活的态度，看他的办事能力，对金钱的看法，对家务的态度；观察他对亲朋的态度，是否支配欲太强，是否脾气太过急躁，是否自私自利从不考虑他人。当然，最重要的是他对你的态度，他支持你学习和工作吗？他关心你的一些小细节吗？你和他理想中的妻子形象差多少？

这样的问题，你可以根据自己的情况，提出很多。不要觉得琐碎，毕竟，婚姻与爱情不同，少了几分朦胧和浪漫，那些当时不愿示人的东西能在朝夕相对时显露马脚。与其枉自后悔，何不未雨绸缪，细心体味。如果连这样的问题你都没有答案，那么还是慎重一些，等一等再去穿上那袭美丽的婚纱。为了未来的幸福，无论如何不能仓促行事。不要把自己的幸福交给机会婚姻。

互为奴仆，爱情岂能单向索取

女人要明白，爱是不能单向索取的。不管你是否结婚，不管他爱你有多深，你都不能斤斤计较，他给了你多少，要视情况给他多少"爱"。聪明的女人应该是个会爱的女人。

有这么一对年轻恋人，总在争吵谁先对谁好。女的说："你得先对我好，我才对你好！你不对我好，就甭想我对你好！"男的也不服气："凭什么要我先对你好？"

即使是在恋爱中，他们也不愿主动为对方多做点事情。女的觉得那样做了，她就降低了身份，成了男人的奴仆；男的也觉得不该去伺候女人，那样他的"大男子"身份就受到了贬损。直至婚后，他们之间极端的"男权"与"女权"的战争不仅未停息，反而愈演愈烈。在家务事中谁也不肯心甘情愿多做一些，为此时常发生争吵。

悲剧终于发生。男人与另外一个女人相识并相爱，在这个女人完全奉献的关爱下，男人感悟到了"爱情就是互为奴仆"的伟大哲理，他的婚姻也终于解体。

其实，每个人都希望自己在对方心中是最美好的，来自你由衷的赞美和肯定，会满足他的自我期望，也使他内在的自我形象更佳。对赞美激励，每个人都不会嫌多，越多越好，要大肆地甚至是过分地给予。女人要知道，赞美使人精力充沛，更有活力；赞美使人自我感觉良好，使被称赞的人更接受自己，肯定自己，更爱自己，增强自信；赞美能使人产生积极的回应，使人优点尽现。

在追寻爱的道路上，不要太贪婪，不付出就不会有收获。更何况爱不是单向的，只有双向的付出才能维系一份坚实的感情。

第二节　恋爱与婚姻不是并行道

爱情是命运的选择，而婚姻是你的选择

贫贱夫妻百事哀。

百姓的智慧虽然俗，却总能去掉华丽辞藻，一语破的。很多人想挑战这句话，但真正成功的却没有几个。现在，越来越多的女人开始从童话世界中走出来，摘掉了斑斓的彩色眼镜，真正看到了现实。这些看到现实的女性做出了自己的抉择，人们却说女人势利了。其实，与其说女人势利了，倒不如说女人现实了。女人知道了"只有爱情没有面包"的感情是不会长久的，与其以后由于日子拮据而分道扬镳，还不如一开始就做出明智的抉择。

很多人觉得两个相爱的人就一定要进入婚姻，相守一辈子。其实，很多科学数据也证明真正炽烈的爱情，在人的大脑里也不

过22个月。人们通常在恋爱中甚至就透支了爱情，所以进入婚姻后就归于了平淡。如果此时的婚姻还需要让你为柴、米、油、盐而劳心费神，那么夫妻二人的关系就会恶化。从恋爱到结婚，从浪漫的爱到现实的爱，这是情感列车的一次大转弯，两者有着本质的区别。恋爱更多的是一种自我情感体验，而婚姻是一种生活方式，是一种社会关系，是一种以爱情为基础的权利、义务、责任的关系。而对于女人来说，与爱人反目是人生最痛苦的事情，既然如此，为什么不选择更为简单而持久的婚姻呢？

千万别做"剩女"

什么叫"剩女"？就是被排挤在婚姻道路之外的女人。她们中的很多人可能有着骄人的容貌，事业上也有一片自己的天地，但这些优秀的条件却不能帮她们寻找到理想的夫婿。

希望事业丰收后，再来享受家庭美满，这种想法有一些理想主义色彩。事实上，对大多数女人来说，择偶还是要趁早，否则一不小心成为人群中的"剩女"，到时候就不是你挑别人，而是别人挑你了。

当今，不管是资料上的数据统计还是身边目睹的现实，都不难发现优秀却单身的女性不在少数。岁月如梭，容颜易老，女人错过了稍纵即逝的芳华，是用任何代价都无法弥补的。

张爱玲曾说过"女人出名要趁早"，我们不说女人嫁人一定要趁早，但女人择偶却千万要赶早，否则真是"快乐也不那么痛快了"。女人如果真的等到穿什么也穿不出俏皮可爱的感觉的

时候再嫁人，男人恐怕也难有"怜香惜玉""卿卿我我"的闲情
了吧。虽然任何事情都不能绝对化，但女人越鲜嫩越诱人，就像
市场上的蔬菜，早晨是鲜嫩萝卜人见人爱，到了晚上"皮糙肉
枯"亏本也得看人家愿不愿意买。所以说，女孩儿趁着"炙手
可热"的时候多为自己打算打算是绝对必要的。即使走进了婚
姻的殿堂，发现嫁给了不该嫁的人，年纪轻点儿，出来再寻找
幸福也会容易些。

何必执着，聪明女人尽早把"烂牌"打出去

执着的女人，当发现恋情或者婚姻的危机时，总是希望能够
弥补。而一再的努力归于失败以后还是不愿意放手。她们总是回
忆着过去的美好，让温情的记忆麻痹自己受伤的心，明知道这一
局会输，还是继续拿着这一手"烂牌"希望能翻身。

小倩的父母很恩爱，她的家庭氛围十分温馨，这让小倩在一
群父母离异的朋友面前感到特别有面子。突然有一天清晨，她被
爸妈的争吵声惊醒。她走出房间，见爸爸正在穿大衣，然后头也
不回地出了门。

自那以后，爸妈吵架就成了家常便饭。她不得不充当和事佬
的角色，不停地去平息他们的战火。如此持续了几个月，大家都
已经筋疲力尽。突然有一段日子，他们不再吵了，而是变得相敬
如"冰"，谁都懒得多看对方一眼。爸爸日日晚归，有时整夜都
不回家。妈妈还是原来的样子，照常做饭洗衣，只是郁郁寡欢，
难得一笑。小倩实在忍不住了："你们离婚吧。你们早就想这样

了不是吗？只不过碍于我而迟迟不下决定。实际上，我没有你们想得那么脆弱。既然不再相爱，何苦硬是凑在一起？即使你们离婚，也仍是我的爸爸妈妈，我也仍然是你们的女儿。"

妈妈哭了，这小倩早就料到了，但她不曾想到的是，爸爸竟然也流下了眼泪！半个月之后，爸爸搬出了他们曾经共有的家。几年以后父母各自又有了家，小倩跟着母亲一起，继父对她很好，小倩也会经常去看望爸爸。虽然有时候还是很遗憾，但她想，一个痛苦的家庭能换来两个快乐的家庭是值得的。

很多陷入婚姻的男女发现爱情不再，甚至双方不能共处时很难果断地决定分手，大部分人以维护孩子为由勉强在一起。其实，孩子是最敏感的，家庭里的风吹草动他们都能感受得到，这样勉强维持的关系会让他们感到更痛苦。所以，当你发现你的家庭真的已经没有挽回的希望时就要尽早离开，否则孩子会受到更持久的伤害。

爱情没有一个固定的尺度来衡量，婚姻也没有一个规范的标准来量化。如果这份爱走到了尽头，没有挽回的余地，那就放手吧。"爱过才知情重"，如果实在难以割舍，那么告诉自己，放手也是因为太爱他，然后，将这份情深深地埋在心里。生活并不需要无谓的执着，没有什么不能被真正割舍。女人只有学会了放弃，生活才会更精彩。

第三节　完美主妇要学会烹调婚姻

付出七分的爱

女人是感性动物，一旦投入一段感情，总恨不能付出双倍的爱。有人说女人是为爱而活的，当爱情来临时，女人总是全身心投入，纵是"飞蛾扑火"也在所不惜。然而，爱情有着自己的逻辑，并不是给得越多越好。

青18岁那年高考落榜，便在家乡开了一家鲜花礼品店。由于她待人亲切友善，经营有方，小店生意很是红火。后来她结婚了，丈夫是她的高中同学，一个才华横溢的才子，虽然在外地上了四年大学，却始终对她情有独钟。

婚后，青随丈夫搬到了外地，她依旧开着花店，丈夫则在一家外资企业上班，由于能力出众，他的收入越来越高。丈夫的优秀让青越来越自卑，她只有拼命地伺候他，付出自己的所有，心里才会稍稍安心。为了能更好地照顾丈夫的起居，青甚至卖掉了花店，做起了全职太太，每天为他洗衣做饭，打理家务，把屋子收拾得一尘不染。她以为这样做就能保住她"卑微"的爱情，然而结婚不到两年的她，还是无可奈何地离婚了，原因是她丈夫腻烦了她的甜蜜，觉得她太没有自我了。

女人常犯的一个错误就是，爱上了一个人就以他为中心，从此聊的是他，说的是他，日思夜想的还是他；和他在一起，他就是自己的整个世界，不跟他在一起，自己整个世界就是他。但爱情就是这样无法理喻的东西，你的痴心未必换来好的回报，也许得到的会是遍体鳞伤！唐朝诗人李商隐有两句诗："春蚕到死丝方尽，蜡炬成灰泪始干。"女人就是这样，一旦爱了，就太傻、太痴，一味地付出，却从来不想，待蜡烛燃尽，你还能拥有什么？当你遗失了自己，你的爱情还剩下什么？

德国大诗人歌德说过："虽然人人都乞求得很多，但我们每个人真正需要的却微乎其微，因为人生是短暂的，人的生命也是有限的。"爱一个人也是如此，不需要爱到十分，七分已经足够。

以诚相待也要保留自己的秘密

到底夫妻或恋人之间该不该坦诚，能不能有所保留？相信百分之八十以上的人认为不该把自己的过去无保留地全盘托出，这不禁令人感慨，是人本多疑，使得人与人之间的信任感脆弱得不堪一击？还是在自我的前提下，让每个人都学会了保留？

女人不做选择地将自己所有的经历坦白地告诉自己所爱的男人，这样做不仅不是"坦率"和"忠诚"，反而是对健康情感关系的破坏。这样做除了会令男人心理产生变化之外，对自己的信心也会产生严重伤害。因此，女人轻易透露自己过去的情史的做法不是愚蠢就是糊涂。

其实，每个人都有自己不同的人生经历与境遇，所交往和接触的人也都不一样，因此，每个人都会有自己的隐私，恋人、夫妻间也不例外。留点秘密给自己会让你的生活中少一份猜疑，多一点儿快乐。当然，留点秘密给自己并非有意欺骗，也绝没有背离坦率、忠诚的原则，只是要你说话前多思考，以免祸从口出，破坏了一段不可多得的爱情或友谊。

当然，这绝不是在鼓励夫妻、情侣之间互相欺骗，任其成为彼此关系的绊脚石，但当某些话或事必须保留才不会影响到彼此的感情和生活时，不妨留点秘密给自己。然而，所谓的"保留"应出于善意，而非故意做出伤害彼此关系的行为，否则，便是欺骗而非保留了。

和他站在一起并且能够帮助他

百度总裁李彦宏多次提到他的妻子马东敏："我本质并不是一个喜欢冒险开拓的人，而我的妻子是。在百度的冒险创业历程中，每一步都是她推着我向前走的。"

在回国创业前，李彦宏在美国硅谷当工程师，是信息搜索领域的杰出专家，拥有华尔街道·琼斯子公司70余万股期权，在硅谷拥有豪华别墅和名车。就在他为自己的成就扬扬得意，觉得种种花草也挺开心时，妻子却对丈夫有着更高的要求。她认为李彦宏在信息技术领域是顶尖专家，应该独立创业干出自己的成就，于是她毁掉了他的花草，当李彦宏质问她时，妻子回答："我不毁掉菜地，菜地就会毁掉我的丈夫。你是世界顶尖的IT专家，我强烈反对你变成一个加利福尼亚农夫！"

妻子的话强烈地刺激了李彦宏。那天晚上，李彦宏走到默默流泪的妻子面前，轻轻地挽住她说："你说得对，我是应该干点事业了。"妻子的话激发了李彦宏的创业激情，经过深思他选择回国创业，于是百度出现了。

回中国后，有一天李彦宏陪马东敏去王府井大街购物，看到一家小商店门口排了一条长龙，两人好奇地走上前去，原来这家商店正在赠送丝绸纱巾。这种做法吸引了很多路人的目光，成了招揽顾客的绝招。马东敏说："我有一个想法，可以采取用户竞价排名的方式，既提高用户的参与热情，又增加公司的收入。"

在曼哈顿举行的百度上市成功大型庆祝晚会上，当无数闪光灯和话筒对准百度创业英雄李彦宏时，李彦宏温情地把妻子马东敏揽到前排，他举起酒杯，深情地说："百度里有一种精神叫作勇气，而我的妻子马东敏博士，则是这勇气的来源。她总能在关键时刻，冷静地提出最有价值的建议。事实证明，她的那些充满东方智慧的建议，将我引上了正确的道路。"

永远支持自己的丈夫，在他走偏时拉他一把，或者靠着属于女人的智慧给他提供好的建议，这样的女人是永远不会被遗忘在男人背后的。男人是天，女人是地。天若陷了，天将暗淡无光；地若塌了，地将失去生机，失去依托，不复存在。贤内助就是支撑丈夫事业蓝天的大地。

沉默并非都是金

我们常说"沉默是金"，但这句话用在夫妻关系中就可能失去原本的意义了。夫妻两人应该是心心相通的，平时应常常沟通，只有有效地沟通，两个人才会更加亲密。当夫妻之间开始奉行"沉默是金"的原则时，那你就得警惕了：两个人的关系是不是出现了危机？

不久前，日本一家人寿保险公司做了一次调查，发现日本夫妇每天可交谈1小时50分钟，对此，他们觉得奇怪，日本夫妻每天竟有这么长时间在交谈？后来经过进一步核实，才发现不是"交谈"，大多数情况下，是妻子在嘀咕，丈夫只是偶尔点下头或"哦"一声而已。调查还发现，日本丈夫和太太的谈话主题有三大项，就是"吃饭""洗澡"和"睡觉"。日本有位婚姻专家分析指出，日本离婚人数越来越多的一个主要原因，就是日本夫妻"真正交谈"的次数越来越少。

显然，仅仅有这样应酬式的谈话算不上沟通。另外，缺乏艺术的沟通，也往往会得到适得其反的效果。

夫妻间的沟通确实是一门大学问，要实现双赢的夫妻沟通，非掌握一定的沟通技巧不可。以下是几点沟通技巧：

1.说得多，不如说得好。谈到沟通，不少人误以为必须把心里的想法和感受全部讲出来。其实夫妻双方必须过滤掉说话的一些内容，对伤害夫妻关系的内容不要说。

2.把握时机。许多人只顾自己的情绪，一吐为快，却忽视了听者是否听得进去。当一个人心中郁闷的时候，将不再有心思去倾听配偶的诉说，反过来也会使诉说者因不受重视而心生不满。

3.学会倾听。在沟通时，许多女人往往急着表达自己的意见，忽视了对方在说什么，各说各的，会使沟通效果大打折扣。夫妻应当耐心倾听，并给予适当而简短的反应，例如，"原来如此……""是……"以及点头，让对方知道你正在听，会让对方感受到被尊重。

懂得沟通的重要性，并且知道该怎样沟通，这样的夫妻关系才能和睦温馨。

吵架也是一门艺术

卡耐基指出，从不争吵的伴侣之间的关系是容易破裂的。只是为了维持关系，他们才会避免发生争吵。

但是，夫妻间应该怎样对待争吵呢？

首先，夫妻之间最好不要吵架，当一方发火的时候，另一方不要"针尖对麦芒""以牙还牙"。在没有吵起来的时候，恢复和谐气氛也容易。如果吵起来，就可能会弄得不可收拾。

但吵过以后，要若无其事，在家里该怎么讲话就怎么讲话，该干什么还干什么。"天上下雨地上流，小两口吵架不记仇"，牙齿哪有不碰舌头的？这时，千万不要互不理睬。如果吵架以后行若无事，那么心理平衡就会很快恢复。如果互不理睬，那么丧失心理平衡的时间会延续得比较长。

的确，在家庭生活中，关系密切的伴侣互不理睬是很别扭的。一般吵架过后，双方都有后悔情绪，都希望打破这个僵局，但是谁都感到难以先启齿，于是，夫妻一直处于"中断外交关系"的状态之中。这时最好一方姿态高些，主动打破僵局，诚恳地和对方谈一次，多做自我批评，少责备对方，从而迅速恢复心理平衡。往往是谈心前感到千难万难，谈心后如释重负，豁然开朗，会觉得早该这么做。

其次，要把"善意"争吵与"恶意"争吵区别开来。"恶意"的争吵就像在泥潭中的格斗，引起争吵的问题往往被搁置在一旁，争吵的人只是为了争吵而争吵；"善意"的争吵是围绕着问题的焦点，就事论事地把话讲出来。

恰到好处的争吵是一门艺术，是生活的一部分，在人的一生中是免不了的，尤其是在婚姻中。相敬如宾的生活也需要偶尔的调剂，而恰当的争吵就可以充当这些调味品。不妨好好利用这些争吵，让你们的关系随着每一次的小吵闹更加稳固。

第七章

切记向"钱"看，面包越大越有安全感

第一节 做才女也要做财女

女人是天生的商业奇才

很多人可能会嘲笑这个标题，但实际上，女人的各种特点都为这个命题提供了证据。而在实际生活中，女人在商界似乎还没有展现出足够的实力。这表现在大多数世界知名企业的总裁都是男性，女性的数目微乎其微。但造成这一局面的根本原因是历史性的，因为原始分工的不同，女人被局限在家庭之中，承担了过多家务，失去了接触市场的机会。这种情况被当作一种必然，大家都认为女性天生缺乏商业能力，就应该被困在厨房，女人的天赋被这种歧视遮蔽了。

女性在语言表达能力和词汇积累方面比男性强，一般情况下女性都比男性口齿伶俐，能言善辩，而这正是生意人必备的条件之一。女性在听觉、色彩、声音等方面的敏感度比男性高很多，

在竞争激烈、信息变幻莫测的生意场上，这也是成功者的良好素质之一。

另外，女性的发散性思维能力优于男性，她们对某件事进行分析判断时，常常会设想出多种结果。而男性则习惯于沿袭一种思路想下去。而发散思维能力，恰恰是新产品开发、企业形象设计等方面所需要的。

还有一点是大家都普遍认同的，那就是女人的直觉比男人准确。女人似乎有一种先天赋予的特性，她们对某些事、某个人常常不用逻辑推理，单凭直觉就能准确看透，而男性在这方面则望尘莫及。这就为女性在生意场中及时捕捉机遇提供了有利条件。

所以，女人们，既然天赋如此出众，为什么不好好利用呢？抓住机会，你就能让所有人惊奇。

金钱不是生命的目的，但一定是生命的工具

在某电视台的一个婚恋类速配节目中，讨论一个有关"金钱与幸福"的话题，6位男嘉宾中有1位坚持认为金钱与幸福毫无关系，幸福根本不需要什么物质基础。他颇为清高地坚持己见，结果男嘉宾中也只有他没有得到女嘉宾们的投票。他很愤怒地质问女嘉宾们的选择，并且认为现在的女人已经完全沾染上了铜臭气息。但一个女嘉宾用了一个很普通的事例就让他哑口无言：假如你太太深夜得了急症，送到医院后急需手术，而你此时却拿不出必需的手术费用，你要怎么办？

也许有女孩子欣赏他的清高，但未必敢将自己的一生托付给

他——目前一无所有没关系，但绝不能甘心如此。有句话叫"贫贱夫妻百事哀"，爱情再美好也不能拿来当饭吃、当衣穿、当房子住，爱情是需要经济基础作为支撑的。

在当今这个以经济为重的社会中，的确有很多人偏离了正确的人生轨道，把获取金钱当作人生的唯一目的。应当把钱看作生活的保障和建立安全感的基础，一心一意地积蓄物质财富，作为退休或遭到意外时的保障。如果你把钱看成完全的保障，你对钱的认识就会出现问题，就像金钱不能买来爱人、朋友和家人，你也买不到真正的保障。

但是，如果完全视金钱如粪土，你的生活便会出现危机。物质基础决定着上层建筑，没有雄厚的物质基础，你的理想、人生目的都是空谈。

理财——财智女人的基础课

先来看看这个假设：假如人一生能活100年，一般情况下前20年是享用父母的钱，65岁之后是退休阶段了，很多人已经不再创造财富了，所以我们创造财富的时间只有短短的40年左右。而在这个阶段，我们还要承担赡养父母和养育孩子的责任。

中青年时期是我们积累财富的黄金时段，也是理财的最佳阶段。理财越早越好，理财习惯最好从小养成，女人更是这样。理财是一种生活习惯，哪怕自己得到的是一分钱，也要清楚地知道这一分钱将如何使用，怎么赋予它不同的用途；当你能够坚持不懈地进行投资，哪怕每日、每周、每月、每年获得的回报只是很少一部分，只要你坚持这样去做，时间会让你轻松成为一位富翁的。

学会理财，是成为财智女人的首要课程。分析一下女人的消费心理，大多属于冲动型，经常会有不经意的花费，尤其是在面对一些服装、首饰等物质诱惑时。所以作为女人，就要时常打理自己的存折，运用不同的方式来打造自己的"黄金存折"，比如将一部分钱作为定期存款；一部分用来购买保险，或者定期定额购买基金作为稳定投资；另一部分拿去做短线投资，这样不仅有机会可以赚到高额的回报，也不致在一夕之间花光自己的辛苦钱。

第二节　财智女人的生意经

"第一只螃蟹"最好吃

20世纪80年代初，中国许多品种的纸都依靠进口。1985年，张茵受中国一家造纸厂委托去香港收购废纸，开始涉足将稻草浆造纸改为环保造纸领域。她很快了解到内地纸张短缺的情况和巨大的市场潜力。

于是27岁的张茵迅速做出一个决定，要做"第一个吃螃蟹的人"。她辞掉国内不错的工作，带着3万块钱独自闯香港，成立废纸收购公司。正是这一创业决定，使她抓住了20世纪80年代中国造纸原料市场的空白。在香港通过回收，再把废纸从香港运回内地，借此张茵迅速扩大了企业规模。她最终成为中国女首富，在"胡润百富榜"上名列前茅。

敢于做第一个吃螃蟹的人，让张茵最终收获了财富。

为什么有些人平凡，而有些人伟大？就是因为伟大的人敢于做平凡的人不敢做的不平凡的事。生活中总是这样，无论哪一行业，总是那些敢于开先河的人发现了商机，赚得了财富，而当大多数人蜂拥而上的时候，商机也就没了。不要总跟在别人屁股后面，要有自己的看法。自古以来，女人就被定义为男人的附属品，没有自己的主见，完全听任别人的指派。现在的女人要有钱，要有自己独到的看法，要按照自己的思路去生活。

不过，除了拥有争第一的勇气，也要适当估算风险，明确自己所能承担的风险底线。只有这样，你的第一只螃蟹才能吃得又香又安全。

小生意帮你融资

几年前，从上海移民到美国的赵娜因为找不到理想的工作，手中的资金又十分有限，就打算自己做生意。"白手起家"对人生地不熟的赵娜而言太困难，于是有人建议她购买现成的生意。

按那时的行情来看，如果想买一家每周营业额在5000美元左右的街角便利店，大约需要3～4万美元。可是当时赵娜手中只有1万美元，这点钱只够她找一家现时生意不好但有发展潜质的店。

不久，她便如愿以偿。赵娜的眼光很独到，觉得一个小生意是否有发展潜质，关键是看其生意不好是否是经营不善所致。有些便利店因为附近有太强的对手，所以营业额无法上去；而有些店则是因为品种不对路或者太陈旧，或者店面太脏、太乱，造成生意不好，这几类店就有做好生意的潜力。另外，有些店处于正在发展中的地区，比如说周围正在造新的住宅群等，也是将来生意额可能增大的因素。

经营了一年半以后，赵娜便将她的街角便利店出售了。当年她买进这家店时，每周的营业额只有1000多美元，而经过经营整顿之后，卖出时每周的营业额已上升至3500美元左右，结果她以4万美元卖出。在一年半的时间内，赵娜赚了3万多美元。

此事给赵娜很大的启发，她觉得倒腾生意显然比自己经营小生意赚钱容易得多。接着她又以3万美元买进一家同样性质的便利店，2年后以6万美元卖出。期间她还用1万美元在一个新开发的地区开了一家街角便利店，1年多后又以4万美元卖出。在短短的8年中，她转手的便利店共有6家，所得的利润很可观。

赵娜以自己的经历告诉我们，做这类转手买卖小生意的生意，关键是眼光要准，看准是将来可以升值的生意才下手，否则买下一家生意不好且无发展前景的店，不要说日后脱手难，每天苦撑着也不好过。当然了，商业眼光并非天生的，看多了经验自然就有了。对于没有买卖过小生意的人来说，只要对几十家同类型的小生意进行考察，分析生意好的店生意好的原因，生意差的店又是哪些因素造成的，慢慢积累经验，商业眼光就自然形成了。

从这里我们也可以看出，创业有时并非要"白手起家"。在西方国家，购买现成生意是创业的最常见的方法之一。一些企业家往往是靠企业的兼并收购而在相当短的时间内发财的。

所以，资金并不是创业的最大问题，只要有创业的想法，加上你的独到眼光，总能在这些小生意中发现商机，最终实现自己的财富梦想。

一滴水与太平洋——感悟积累的力量

当我们面对浩瀚的太平洋时，很少有人想到它也是由无数个一滴水组合而成。这就像我们在听闻别人的财富时，只想到财富的巨大，却很少想到这背后的积累过程。

1996年，被美国《财富》杂志评定为美国第二大富豪的巴菲特被公认为股票投资之神。他也是以"小钱"起家的典型。巴菲特在11岁时就开始投资第一张股票，把他自己和姐姐的一点儿钱都投入股市。刚开始一直赔钱，他的姐姐一直骂他，而他坚持认为持有三四年才会赚钱。结果，姐姐把股票卖掉，而他则继续持有，最后事实证明了他的想法。

巴菲特20岁时在哥伦比亚大学就读。在那段日子里，跟他年纪相仿的年轻人都只会游玩，或是阅读一些休闲的书籍，但他却大啃金融学的书籍，并跑去翻阅各种保险业的统计资料。当时他的本钱不够又不喜欢借钱，但是他的钱还是越赚越多。

1954年，他如愿以偿到格雷厄姆教授的顾问公司任职，2年后他向亲戚朋友集资10万美元，成立了自己的顾问公司。该公司的资产增值30倍以后，1969年他解散公司，退还合伙人的钱，把精力集中在自己的投资上。

巴菲特从11岁就开始投资股市，历经几十年坚持不懈。因此，他认为，他今天之所以能靠投资理财创造出巨大财富，完全是靠近60年的岁月，慢慢地创造出来的。可见，有时只要善于把握机会，再小的钱也会起到很大的作用。

事实上，很多大企业家都是从伙计当起，很多政治家都是从小职员当起，很多将军都是从小兵当起，很少见到一走上社会就"做大事，赚大钱"的人！所以，如果你好高骛远，舍弃细小而直达广大，跳过近前而直达远方，不经过程而直奔终点，那么，你离失败肯定不远，百万富翁绝对与你无缘。

敏锐嗅觉让你由穷变富

大部分的人都出生在不富裕的家庭中，品尝了艰辛之后会急切地想跨入富人的行列。但100个这样的人中间又往往只有几个能得偿所愿。这几个人的共同特点就是对金钱有着敏锐的嗅觉，他们总能看到别人看不到的地方。

什么是金钱的嗅觉呢？它包括诸如心理的、言语的、交际的等方面，是一种适于经济竞争和社会竞争的综合素质，并不限于精通一门技艺。

哈里森来到丹佛市，住在第二大道的一套小公寓里，他想在这里开始他的创业生涯。他想尽办法终于挤进了当地富商名流的俱乐部，并结识了很多人。

1972年，丹佛市的房地产业陷入萧条，大量的坏消息使这座城市的房地产开发商们严重受挫。然而在哈里森看来，丹佛市的困境对他来说无疑是天赐良机，从前那些对他来说是可望而不可即的好地皮，现在可以以较低的价格任意挑选收购了。

就在这时，哈里森从朋友处得到一个消息：丹佛市中央铁路公司委托维克多·米尔莉出售西岸河滨50号、40号废弃的铁路站场。哈里森凭着自己敏锐的眼光和丰富的经验判断出：房地产萧条是暂时性的，为此，他把自己所拥有的几个小公司合并起来，改称为"哈里森集团"，以使自己更具实力。然后"哈里森集团"以200万美元的价格购买了西岸河滨的那两块地皮。不久，房地产升温，哈里森手中的两块地皮涨到了700万美元。他见价格可观，便将地皮脱手了。

经过许多人的帮助以及自己的努力，哈里森终于挖到了人生的第一桶金——500万美元。此后，他开始了在美国辉煌的经商生涯。

哈里森就是一个拥有金钱嗅觉的人，为人所不为，也能得人所不得。分析哈里森以及像哈里森一样的人，我们会发现会赚钱的人首先对金钱有执着的追求。对从事的事业有兴趣的人，才能在激烈的竞争中感受到无限的乐趣。熟悉数据，加强数字观念，是赚钱的根本素质。假如你有意于经营之道，那么平常就应熟悉数据，若临时抱佛脚，那就为时已晚。另外，心算迅速也可以促使你迅速地做出判断。

第三节 持家有道，不做"月光"主妇

巧主妇的家庭理财计划

家庭理财其实主要具有三重功能：第一个功能是安全，即当你失业或者家庭失去主要生活来源时，它主要用来维持你及家人的生活需要；第二个功能为投资，即用来进行积累养老金的必要投资，你需要估计自己未来所需养老金的数目以得出目前投资所需要的投资收益率；第三个功能是风险，有余钱时进行风险较高的投资，从而获取额外的收入。

多数家庭的理财方式是省吃俭用，这种方法虽然很有效，但只是一种省钱办法，算不上理财。它不但使家庭各项日常开支处处谨慎，而且还使家庭成员时时都处在一种被压抑的状态，面对支出时就表现得很被动，缺乏信心。正确的理财方式应该是理性、主动、轻松和有计划。首先，要建立合理的家庭消费结构，任何一个家庭的消费结构，大致都是由三个方面构成的。

首先是基本生存消费。包括家庭生活所必需的饮食、衣物、住房、必不可少的日用品等。现代女性筹划家庭支出时，应把这方面的需要列为第一要务。

其次是发展消费。每一个家庭成员都会有不断充实和完善自己的愿望，这个愿望只有在一定的经济基础上才能实现。

最后是享受消费。例如在假日全家去聚餐和远游，为家人购买影剧票。这类支出虽非生存和发展所必需，但当你享受着其中的无限乐趣时，你会为自己给家庭创造的绚丽多彩的现代生活而

自豪，并深感这笔开支是值得的。

明确了这些支出方面，你就可以列出具体的项目来规划自己的钱财。将收入和支出都明确地记录下来，然后按照计划花费，尽量少做超支的事情。另外，还要注意积蓄。将每年收入的10％储蓄起来。储蓄还可以有备无患，用以应付家庭生活的不时之需。

爱他，就看紧他的钱包

虽然现在大多数女人接受了恋人间AA制的原则，但实际上大多数男人还是在恋爱和婚姻的成本中花费了更多。我们在甜蜜的爱情中享受着幸福，这个时候提出恋爱成本，实在是有些煞风景。但是爱情和婚姻都离不开物质基础，将爱情进行到底，说来容易做起来难。所以，恋爱中的你一定要为自己和你爱的他算一算爱情的成本，这样你才能知道恋爱也是一笔很大的支出，从而更加体谅自己的另一半。

2007年11月11日，北京市朝阳区统计局发布城镇居民结婚消费调查，随着人们的收入不断增加，结婚消费也随之水涨船高，从2003年至2007年的5年间，朝阳区城镇居民结婚花费以88.8％的速度递增。2003年一对新人的平均结婚费用为8536元，2004年涨至22685元，2005年为36277元，2006年猛升至54836元，2007年，飙升至108399元。

这笔庞大的结婚费用就是我们需要计算婚恋成本的最好理由。而调查显示，婚恋成本的大部分是由男性支出的，男性承担着更多经济上的责任，无论是传统还是现实，男性更需要为成本考虑。

月光一族并不是收入少的人群，都市白领中大部分人都过着这样的生活。虽然现在看起来他们很小资，但谈到结婚就似乎是遥不可及的事情了。虽然我们谈的是恋爱，谈钱就俗了，但是，恋爱是两个人的事，我们不能只追求自己的感受和放任自己的虚荣心。我们应该适当地计算一下自己的恋爱成本，为男朋友看紧钱包。

其实看紧他的钱包，就是看紧你自己的钱包。因为你们最终要走到一起，共同为你们的小家庭奋斗。而此时花掉每一分钱就代表将来你们的家庭少了这一部分钱。与其等到将来结婚后捉襟见肘，为什么不从恋爱开始就更理智地消费呢？为自己的将来存上这笔钱，婚后的生活也就不会在柴米油盐的侵蚀下变得琐碎无趣了。

准妈妈"生育金"知多少

和自己心爱的他组建一个家庭，然后为自己幸福的小家再添一个小生命，是每个女人的美好愿望。但是随着这样一个小生命的到来，也会有一些资金的支出，这便有了"生育金"的说法。没有当过妈妈的你可能不知道一个小宝宝的生育金有多少。

看看刚做妈妈的林笑是怎么做的。

林笑怀孕前3个月，除了孕妇奶粉之类的花销，并没有太大的支出。等到怀孕第16、17周，当她选择好将要生宝宝的医院并开始产前检查时，一系列的花费就真正开始了。

产前检查可以检测孕期准妈妈的身体变化及胎儿的发育状况，它的重要性不言而喻。第一次产前检查是费用比较集中的一次，包括化验费、检查费、治疗费、材料费在内，第一次产检花去了838元。以后的每次产前检查基本是常规检查，费用为45元左右，包括挂号费以及常规诊疗费、检查费。整个孕期要做4～5次B超，普通B超的费用是30元/次，特需专家B超可以由家属陪同，并能从电视画面上直观地看到胎儿的形状，另加100元。

新生儿用品是准妈妈的第二项大支出。林笑的这项采购是在怀孕6个月的时候进行的。林笑为自己的小宝宝采购衣物的总花费为1600元。

宝宝出生后，就是家庭成员之一了，因此要有他自己的必备家居用品。林笑用于为宝宝购置家居用品的费用是1200元。

新生宝宝从母体来到世界，每天的清洗是必不可少的，所以准妈妈也要为自己的宝宝准备好清洁保养用品。林笑用于此项的费用为500元。

最重要的是哺乳用品，刚出生的婴儿，对哺乳用品的要求很高。林笑用于此项的费用也高达1200元。

林笑的最后一笔费用是为宝宝购置玩具和外出用品。这一部分虽然不是很重要，但也是必不可少的。林笑用于此项的费用为700元。

随着产期的临近，作为准妈妈的你也要继续往自己的银行卡里充钱。

生产期间费用的主要是以下三个方面：一是选择什么样的方式生产；二是选择享受哪些服务；三是选择什么样的病房。

三个因素不同，费用也有很大差异。

病房一般分为四等，一等和二等病房是特需病房，当然在有要求的情况下普通病人也可以入住。在北京、上海等大城市一般一等病房的费用是500元/天，二等病房的费用是250元/天，普通病房约65元/天，不同等次病房内设施大有差异，享受到的服务也有诸多差别。另外，生产时如果选择特需产房，则需要在普通生产费用上加1000元。

林笑选择的是二人间二等产房。除去医保支出，自负费用为5125.90元。

此外，如果是剖腹产，费用会比顺产高一些，住院的天数也要多几天，总费用会比顺产高出3000元左右。

由于北京等大城市有生育补贴政策，实际需要花在生产上的资金大约在5000元以内。但在生产前最好多预备一点儿，因为住院是要缴押金的，生育补贴要到出院后才能领取。

这样算起来，从怀孕开始到宝宝安全降生的生育金少说也有1万多。其实虽然从怀孕之前的添置宝宝用品和前期检查，到后期的住院生产一项也不可少，但是你也可以根据自己的情况来处理这些问题，也可以省下不少钱。

谁说全职妈妈不能赚钱

女性走上社会之后，有了双重角色：职业角色与家庭角色。这两个角色有时相互限制，只顾一方很容易忽略了另一方，这样的角色冲突，如果不及时调整，就会引发矛盾，产生难题。

倘若女性想把事业作为自己追求的唯一目标，舍弃家庭而不顾，这样做，也许她的事业成功了，但她却失去了爱情与婚姻的快乐。电影《办公室的故事》中的女主角洛佳娜，作为局长她完全够格，每天严肃认真，板着一副"冷冰冰的面孔"，穿着不男不女的"死气沉沉"的衣服，走到哪里，哪里便鸦雀无声。她像灭火器一样，把人性的多彩都熄灭了，结果落得个孤家寡人，若不是后来的改变，她可真要成为嫁不出去的老姑娘了。但完全局限在家庭中的女人，会与这个社会渐渐脱节，当你发现丈夫不再愿意跟你聊天的时候，你就要警醒了。同时，全职家庭主妇也不能为家庭的经济分担，使得重担压在丈夫一人身上，无形中也让你的家庭背负了更多的风险。

宋娟的儿子刚满1周岁，自从孩子出生后，她就在一家图书公司找了一份兼职，每个月有一定的任务量，压力不大，她差不多每周工作3天，其余的时间陪自己的儿子。这样1个月下来，她不仅能够没有任何负担地完成工作，获得一笔很可观的收入，而且还能把儿子也照顾得很好。宋娟说，对于刚刚做妈妈的女人来说，找一份兼职做是最合适的选择，它可以让你不与社会脱节，有利于以后回公司尽快投入工作，还可以为家庭赚取一部分收入，何乐而不为？

就像宋娟一样，家庭主妇也能有自己的收入，除了能够接触社会，也为家庭增加了一笔财富，家庭的生活质量也能更上一个台阶。的确，除了比较灵活的兼职工作，全职妈妈还有其他的收入空间。

谁说全职妈妈就不能有收入？只要敢想敢做，没有什么不可能。明确自己的优势，在照顾孩子的间隙为自己和家庭多赚点零用钱，何乐而不为呢？

"薪"时代夫妻理财之道

在现今这个时代，"男主外女主内"的家庭形态已经不再占据主导，双薪家庭开始成为大多数家庭的基本形态。所谓的双薪家庭也就是夫妻双方都有经济收入来源，并且共同负担家庭开销的家庭。

对于双薪家庭来说，家庭一般都有两份收入，如何处理第二笔收入呢？有人会说："很容易，这笔钱可以用来补贴家用，改善生活。"或者："收入更多，生活水平更高。"其实不然，在日复一日的家庭生活中，融合两份收入的同时，也意味着融合两种不同的价值观、两份资产与负债，它绝非易事，更不轻松。

这就是双薪家庭中的理财问题。有研究表明，夫妻双方在理财上的态度往往与家庭的稳定程度密切相关。夫妻二人理财意见出现分歧，通常是婚姻出现问题的征兆。每逢这个时候，夫妻双方的交流十分重要。

第七章 切记向"钱"看，面包越大越有安全感

多数双薪家庭中，夫妻二人的收入有高有低，收入的不同可能会引起家庭内部权力重心的转移。这时，以下问题就必须认真对待：夫妻双方是否有可供个人支配的金钱？这部分的金钱是否应完全属于他或者她？家中的日常开销如何支付，平均分摊还是分项负担？或者是丈夫负担经常性支出而妻子负责偶发性支出？是不是收入高的一方应享有较多的决定权？是否为了某些目的，比如买房子、给孩子攒学费等事情将其中一方收入作为生活费用，而将另一方的收入全部存下来？在充分考虑了这些问题以后，再决定双方都能接受的支付方式。

家庭需要有储蓄的财产，以防不时之需。而通常大家会选择银行储蓄，这就涉及银行账户的问题。

这时有两个选择：

1.联合账户。即夫妻二人均可提领的账户。使用联合账户，夫妻会因它是共同账户而有较高的认同感。但这种账户通常会因其中一方的离开而发生问题，比如离婚或分居，先抵达银行的一方可能将夫妻共有的钱领得一毛不剩。

2.独立账户。只有开户者可以使用。开设独立账户，对于女性来讲，可以用它建立自己的银行往来信用，一旦需要申请贷款，可提供给银行作为参考条件。另一个好处是账目清楚。当夫妻其中一人过世时，另一人在遗产尚未处理前，可以把自己的钱作为生活费。万一两人离婚了，两人的金钱因为分开保管，账目上会十分清楚。如果夫妻有特殊的财务负担，如赡养费或父母生活费等，独立账户也较为方便。当然，独立账户的建立应该是公

开的，建立在夫妻双方相互信任的基础上。

在很多双薪家庭看来，两份收入会造成一些假象，即总觉得自己的收入花完后还有别人的，所以可以支付一些额外的花费，结果，多一份收入不仅没有增加家庭总收入，反而多了一份负担。遇到这种情况，夫妻双方应该彼此控制不良的消费习惯，比如双方定个协议，一定金额以上的支出必须经夫妻双方讨论后再决定。一般情况下，经过两人的讨论后，有时会发现购买这件物品的急迫性已不复存在，另外，这种讨论还有助于夫妻双方了解彼此对金钱价值的看法。

第八章

要把自己活成锦，才会有人来添花

第一节　爱自己，从关注健康做起

危急！你可能正在亚健康中

定期的体检没有查出病，就可以高枕无忧了吗？说不定你已经在亚健康中，离疾病只有一步之遥。什么才是真正的健康？不妨先来看看世界卫生组织的"五快""三良"标准。

世界卫生组织用"五快"来衡量机体健康的状态，用"三良"来衡量心理健康的情况。"五快"包括：

食得快。胃口好，不挑食，可以快速地吃完一顿饭，表明内脏功能没异常。

说得快。语言表达正确，讲话流利，证明头脑敏捷，表明心肺功能没异常。

走得快。行走自如，活动灵敏，证明精力充沛，表明身体状态良好。

睡得快。一旦有睡意，上床后能够很快入睡，醒来后精神饱满，头脑清醒，表明中枢神经系统兴奋，抑制功能协调，内脏没有病理信息的干扰。

便得快。一有便意，能快速排泄完大、小便，表明胃、肠、肾功能很好。

"三良"包括：

良好的个性。情绪稳定、温和，意志坚强，感情丰富，豁达乐观。

良好的处世能力。观察问题的时候，对客观现实具有较好的自控能力，可以适应复杂的环境，对事物的变迁持有良好的心态，拥有知足感。

良好的人际关系。为人宽厚，珍惜友情，经常助人为乐，与人为善，和别人的关系较好，不吹毛求疵，不过分计较个人得失。

对女人来说，只有健康才能说美，女人的美丽是灵性加弹性——拥有健康体魄的女人，才会吸引男人的目光，才会成为生活中最美的风景。健康是女人的本钱，女人得从爱惜自己开始。女人原本就劳累，若不顾一切把健康都交出去，赔进去的是永远无法赚回来的生命。

有健康，才有追求和梦想；有健康，才有快乐和幸福；有健康，才能幸福快乐一生。

第八章　要把自己活成锦，才会有人来添花

差一步健康，功亏一篑

日本小说家武者小路实笃说："健康的时候，人们会忘记肉体，专注地从事各自的工作；而当健康受到影响时，人们才感觉到肉体的痛苦。"很多人在通向成功的道路上一路奋进却忘记了健康，然后在离成功只有一步之遥的地方，功亏一篑。

只要失去健康，生活就充满痛苦和压抑。没有它，快乐、智慧、知识和美德都黯然无色，并化为乌有。如果没有健康，你就不会有追求自由的权力，没有健康，智慧就不能表现出来，力量无从施展。重视健康问题，就迈出了通向成功的第一步。

身心健康是人生最起码的，也是最重要的条件，更是从事任何行业的最大本钱，身心越健康，对于事业越有帮助。我们生活在这个分秒必争、变幻莫测的世界，被许许多多意想不到的事件困扰，这些都需要我们用强壮的身体和健全的精神，去一一处理和克服。有一句古话："工欲善其事，必先利其器。"没有一个理发师用迟钝的剪刀而指望其生意兴隆的，也没有一个木匠用迟钝的锯子和斧头而指望其能造出做工精良的器具。

世界上最强烈的感觉，可能是感到自己有能力战胜困难的勇气和决心。而生命中勇气和决心的支撑则是健康、坚强和健壮。人并不是必须具有很大的块头和威武的外表，但应该具有旺盛的生命力和巨大的精神力量。

充沛的体力和精力是伟大事业的先决条件。虚弱、没精打采、无力、犹豫不决、优柔寡断的年轻人，不会成为一个领导

者，也几乎不可能在任何重大事件中走在前列。

牺牲健康换不来美丽

爱美是女人的天性，这一点无可厚非。

但是，美丽有时也是一个陷阱，很多女人为了美可以不计后果，结果产生一些不健康的生活方式，吞噬着女性的健康，最后却是赔了夫人又折兵，使女性的美丽打了折扣。

比如说减肥，这是80%的女性每天都在和朋友讨论的话题，尽管这其中又有80%的人与真正的肥胖并不沾边。她们总是千方百计想减掉自己体内的脂肪。减肥茶、减肥餐、运动健身等各种各样的减肥措施令人眼花缭乱。有的减肥者想速见成效，于是拼命节食，结果是体重减轻了，身体也垮了。

在寒冷的冬季，很多人都已穿上棉服、羽绒服，而一些爱美女性仍然身着短裙，里面一条长筒丝袜，俨然一副夏天的打扮。大部分穿裙子的女性不是不觉得冷，而是因为觉得这样才"美"。这样的打扮确实是时髦，却给健康带来了隐患。在寒冷季节，穿裙子使膝盖的温度过低，膝关节受到刺激就容易引发关节炎，使膝关节的关节软骨代谢能力减弱，免疫能力降低，还会造成对关节软骨的损害，形成创伤性关节炎，引起膝关节肿胀和膝关节滑囊炎。

除此之外，整形美容成为女人美丽风潮的一大趋势。整形美容一般就是运用医疗手段，对存有先天性畸形、缺损、色斑、血管瘤等影响容貌的疾病进行修复重建的病理性美容，以及增进人的外在美感为主的生理性美容，如做双眼皮、隆鼻、除皱等。整形美容，是各种美容方法中效果明显、立竿见影的一种美容方法。它不仅从根本上能改变人的容貌，使人变美，而且维持长久，有的是一次"投资"，终身受益。然而，整容并非成为美女的良丹妙药。

美丽本身不是错，女人可以适当追求美丽，让自己的魅力与时俱进。对美丽的追逐、崇尚，是女性的永恒话题，然而，美是局部和整体的和谐，是外表和内在气质、涵养的统一。适当地修饰外表，是应当的。但女人的美要美在正确的地方，要在健康的前提下，这样的美才能长久，这样的美也才有韵味。

第二节 好的生活习惯让你健康一生

做个活力四射的运动美女

运动是青春的充电站，是打开健康城堡的钥匙。女人原本就是感性动物，运动让她们丰富而敏感的思维得到纵情释放，仿佛置身于一个只属于自己的自由王国。

水流动所以不腐，有微波，有波澜；树摇曳所以不枯，有春天，有秋天；女人的美丽，在运动中绽放，有激情，有优雅。女人生命的魅力，包括优雅在内都需要在运动中尽情地表露、呈现。脱离了运动，女人的身体只是一张静止的纸，没有色彩，也不能称之为风景，苍白无力。运动成就了生命，当然也成就了女人身体的优雅。适当而科学的体育运动，能使生命之树常青，生活之水常流。运动是女人健康人生的重要内容。运动能使人体的各种功能得到充分发挥。女人只有精力充沛，才能对生活充满爱，对未来充满信心。

因此，运动是女人永葆青春的秘诀，尤其是有氧运动，它具有抗氧化的作用，会使人的全身得到充足的氧气供给，加快呼吸系统的作用，钝化和转化体内的自由基，并控制其形成和活动，保护身体免受侵害，防止自由基引起的衰老现象。

健康来自健康的生活习惯

生活方式会在我们的人生中留下不可磨灭的印记。不同的生活方式会使我们的生活质量和寿命长短出现质的不同。只有拥有健康才有生活，生命之树才能常青。健康的生活方式就是提倡文明高雅的生活，这样的生活才是幸福的。

要做一个健康女人，就要从健康的生活习惯开始，吃穿住行都不要偏离了健康的轨道。

女人的美丽是吃出来的，这里的吃是有节制地吃，有准备地吃，有选择地吃，用心地吃，更似调养。调养对于女人，如根对于花。有根，才能年年有花香；无根，只能花开一时。同样，只有调养，女人才能时时光润，岁岁美丽。

早餐是开启一天活力的源泉，因为早餐的热量是一天当中最容易被消耗掉的，如果把大部分的热量留在晚餐，就容易变成脂肪。有许多年轻的女性常以早上没有时间或减肥为理由而不吃早餐。对每一个人来说，这都是十分错误的做法。不吃早餐，早上的工作便没有精神去做。为了有充沛的体力和干劲去处理事务，早餐是非吃不可的。

除了正确的饮食习惯，职业女性还需要关注自己的睡眠问题。失眠不是单纯的心理因素造成的，它涉及脑内多种荷尔蒙的变化，复杂而多元化。而最重要的事实是，睡眠的质量关乎着生命的健康与质量。

人类一生的1/3时间花费在睡眠上，睡眠是生命的基本需要，如同空气、食物和水，是保持身体健康的基础。如今许多人睡眠时间比他们实际需要的时间少了2小时左右。要知道世界上没有任何东西可以替代睡眠，人们减少睡眠时间，机体便会把这些超负荷运转的时间累加起来，最后让你偿还。充足的睡眠可以让我们保持充沛的体力和精力，解除疲劳。所以，即使生活节奏再快，也一定要保证睡眠的质量，否则一切都无从谈起。

第三节　学会保养，女人就是要爱自己

从1数到7，美丽吃出来

女人要学会用化妆品为自己打造精致容颜，但是也不要忘记从内调养自己，为自己打好美丽的根基。从食物中获取美丽就是最聪明的办法，在享受美食的同时还能吃出美丽来。

对于食物有养颜要求的东方女性，专家根据饮食习惯和营养搭配原则为你量身打造了一份营养菜单。它由7条规则组成，就像是乐谱中的"1"到"7"，为你唱响健康美丽的饮食歌。

1.一个水果：每天吃含维生素丰富的新鲜水果至少一个。

2.两盘蔬菜：每天应进食两盘品种多样的蔬菜，避免常吃一种蔬菜。一天中必须有一盘蔬菜是时令新鲜的、深绿颜色的。最好吃一些大葱、西红柿、凉拌芹菜、萝卜、嫩莴笋叶等，以免加热烹调对维生素A、维生素B1等的破坏。每人每天蔬菜的实际摄入量应保持在400克左右。

3.三勺素油：每天的烹调用油限量为三勺，而且最好食用素油，即植物油，其中的不饱和脂肪对光洁皮肤、塑造苗条体型、维护心血管健康大有裨益。

4.四碗粗饭：每天4碗杂粮粗饭能壮体、养颜、美身段。同时要抵制美味可口的零食的诱惑。

5.五份蛋白质：每天吃肉类50克，最好是瘦肉；鱼类50克（除骨净重）；豆腐或豆制品200克；蛋一个；牛奶或奶粉冲剂一杯。

6.六种调味品：酸、甜、苦、辣、咸等必要调味品，作为每天的烹饪作料不可缺少。

7.七杯开水。茶水或汤水，每天喝水不少于七杯，以补充体液、促进代谢、增进健康。要少喝加糖或带有色素的饮料。

女人都爱吃，但除了爱吃更要会吃。拒绝垃圾食品，崇尚健康饮食，你会发现会吃的女人才能美如花。

第八章　要把自己活成锦，才会有人来添花

每月那几天，呵护你的"好朋友"

女人每个月总有那么几天，身体虚弱，心情烦躁，有时甚至还有难言的疼痛。千万不要责怪自己的"好朋友"，女性拥有正常的周期才是年轻健康的标志。女人一生大约要排卵400~500次，排卵期卵子没能受精，内分泌就会减少，促使子宫内膜脱落，引起出血，这样就形成了月经。经期正是女性身体免疫力最低下的时候，各种生理值也同时减弱。所以，经期的女性更需要额外的关怀。

女性在月经期一定要注意保持清洁，每日要清洗外阴，不过不适宜盆浴，而采用淋浴的方式。不适宜过性生活，因为子宫腔内膜剥落，会形成创伤面，性生活容易将细菌引入，使其进入子宫腔内，引发感染。要禁食生冷，因为生冷食物会给身体带来刺激，降低血液循环的速度，从而影响到子宫的收缩及经血的排出，这就容易引发生理性疼痛。除此之外，经期女性也不适宜喝浓茶、咖啡，因为这类饮料中所含的咖啡因容易刺激神经和心血管，也会对行经产生不利影响。

有人认为女性经期要静养，但其实完全不活动并不利于行经。女性在经期最好能进行一些柔和的运动，比如散步等。适当地运动可以加快血液循环，以利于经血的排出。

另外，我们应该每天清洗外阴，而阴道内则不应该冲洗过度。因为阴道的生态系统具有自我保护的功能，也有一些良性细菌，它们将细胞中贮存的糖原分解成乳酸，使阴道内维持着一种

做一个
有格局的女子

稳定的酸性环境，不利于各种病菌的繁殖。如果过度冲洗，会将这些良性细菌也一同冲走，毁坏阴道内的稳定，就更容易感染疾病。医生建议，要清洗阴道，只需要用手指蘸水稍微擦拭即可，不需要使用特定的清洗剂。